JN015048

記憶に残る廃村旅

浅原昭生
Asahara Akio

実業之日本社

まえがき

1981年3月、筆者は旅先の新潟県で角海浜《かくみはま》という廃村（人が住まなくなった集落）に偶然出会い、その風景を記憶に刻んだ。それ以来、調査を継続することで、2020年2月、『日本廃村百選―ムラはどうなったのか』を形にすることができた。出版から間もなく、世界はコロナ禍に見舞われた。当時、次期新刊のテーマを『住まなくなっても守りたい』に決めており、「できるだけ早い時期に、元住民の方々の声をうかがいたい」と考えていた。しかし、4月上旬以後、取材の旅ができる見込みは立たなくなった。そして、5月初旬、岐阜県飛騨の廃村を訪ねる旅の最中、「当面の廃村旅は、ただ現地を訪ねることを主にしよう」と方針転換することを思いついた。同時に「これまでに訪ねて印象深かった廃村のことを振り返るにはよい機会ではないか」と思うようになっていった。

同年6月中旬、筆者は角海浜を32年ぶりに再訪した。絶え間なく響く波の音を聞き、原点に回帰することで、新たに見えてくるものが出てきた。山中の一軒家や秘境に住む方を取り上げたテレビ番組が人気の昨今、廃村旅は非日常の世界へ読者をいざなうよいテーマといえる。また、「廃村」という現実を知ることは、「人口減の時代、どのような未来が望まれるのか」など、少し大げさなことを考えるきっかけにもなりそうだ。

『記憶に残る廃村旅』は、筆者が40年半の間に訪ねた全国各地の廃村1025ヵ所（21年9月末現在）の中から印象強く残った50ヵ所をピックアップして、おおむね北から南の順で一読できるようにまとめたものである。選択にあたっては、次の点に留意した。

◎1　地方を11分割して、東日本（北海道、東北、関東、甲信越、東海）と西日本（北陸、関西、中国、四国、九州、沖縄）がともに25ヵ所ずつになるように選んだ。

◎2　47都道府県の中からなるべく偏らないように選んだところ、31都道府県の廃村を取り上げることになった。なお、スケールが大きい北海道は5ヵ所選んでいる。

◎3　廃村を産業別に分類して、農山村（28ヵ所）、戦後開拓集落（2ヵ所）、離島集落（離島の農村＋離島の漁村、3ヵ所）、鉱山集落（3ヵ所）、営林集落（3ヵ所）、炭鉱集落（5ヵ所）、旅籠町（3ヵ所）、漁村、発電所集落、商業集落（各1ヵ所）と、農山村を中心として、多種多様になるように選んだ。

◎4　テーマ別では、冬季分校所在地を2ヵ所、へき地5級地を5ヵ所、ダム建設関連集落を3ヵ所取り上げた。

◎5　学校が所在しない集落を6ヵ所、戦前・戦中に学校が閉校した集落を3ヵ所（うち、戦前・戦中に離村した廃村を2ヵ所）取り上げた。
◎6　訪問時期を明記し、草創期を除きなるべく偏らないように選んだ。1998年から2021年に訪ねた廃村（初訪）は、24年間連続して選んだ。
◎7　再訪をした廃村の割合を意識して選んだところ、50ヵ所中27ヵ所となった。最も古い訪問時期は2001年2月（岐阜県黒津《くろづ》）となった。
◎8　情報を新しくしようと努めたところ、令和期に訪ねた廃村（初訪＋再訪）は、50ヵ所中15ヵ所となった。最新訪問は2021年8月（青森県上弥栄《かみいやさか》）となった。
◎9　訪ねた季節についても、なるべく偏らないように選んだところ、季節の分布（初訪）は春16ヵ所、夏12ヵ所、秋12ヵ所、冬10ヵ所となった。
◎10　『日本廃村百選』でも取り上げた廃村は、7ヵ所に留めた。

本書は「旅」がテーマなので、移転年、戸数、標高、新旧の地形図で、「旅先がどんな場所で、どうなったのか」など、イメージしやすくなるように努めた。左ページ左上隅の位置を表す地図は県単位とした。「廃村」というと重い感じがするかもしれないが、内容は平易なので、ピンと来たところから、気軽に読んでいただきたい。

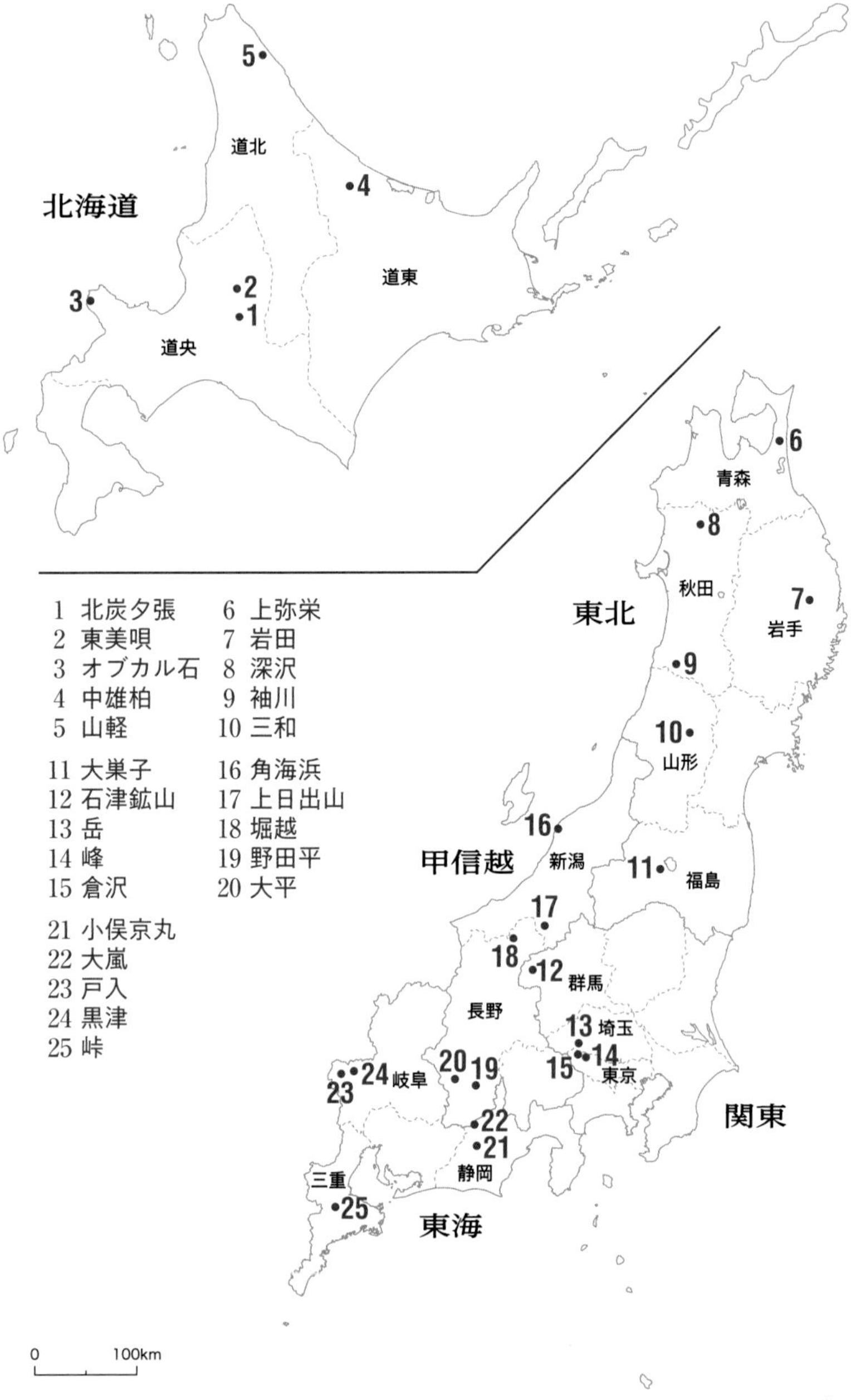

1 北炭夕張
2 東美唄
3 オブカル石
4 中雄柏
5 山軽
6 上弥栄
7 岩田
8 深沢
9 袖川
10 三和
11 大巣子
12 石津鉱山
13 岳
14 峰
15 倉沢
16 角海浜
17 上日出山
18 堀越
19 野田平
20 大平
21 小俣京丸
22 大嵐
23 戸入
24 黒津
25 峠

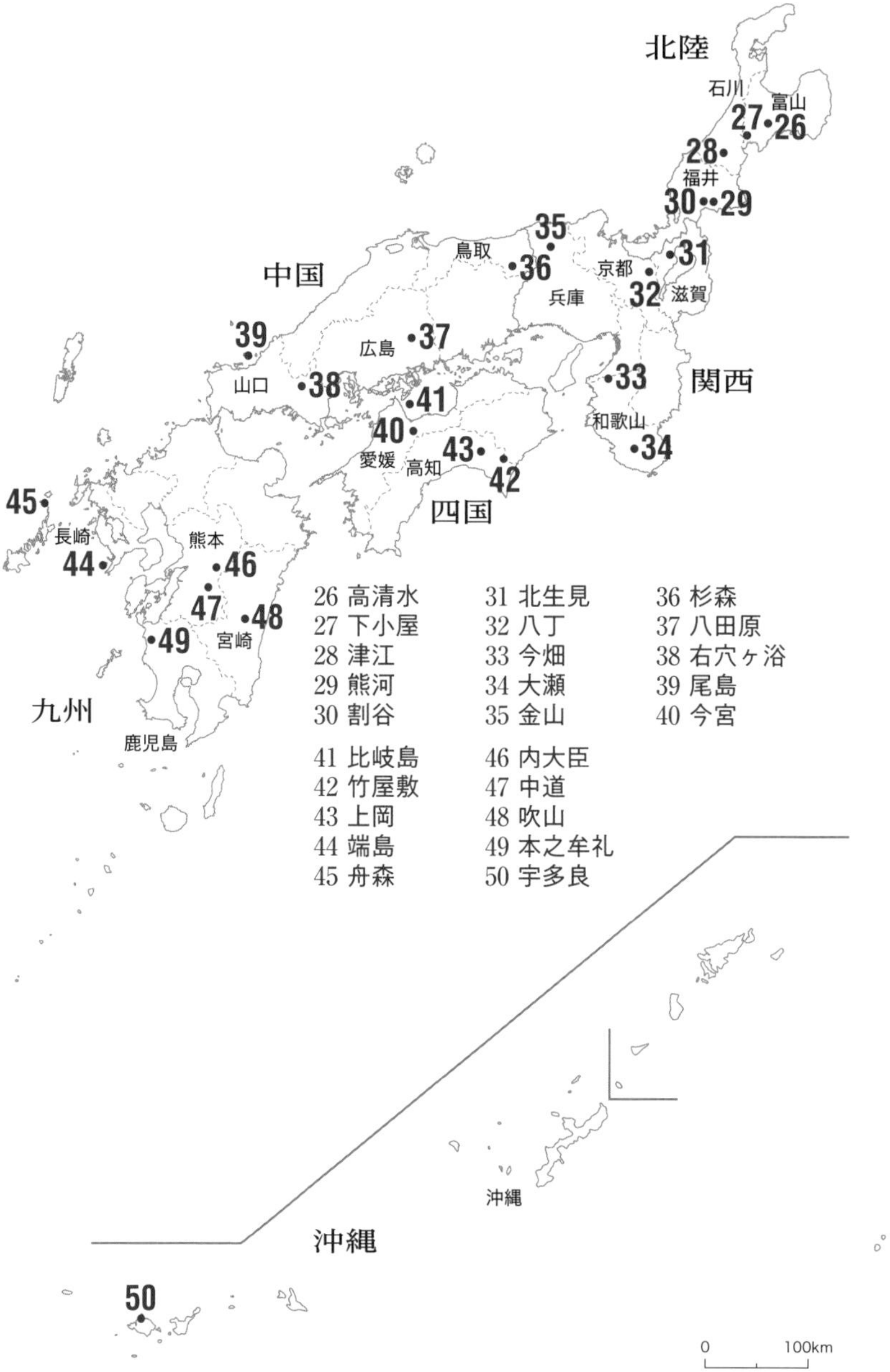
北陸
石川
富山
福井
鳥取
京都
兵庫
滋賀
中国
広島
山口
関西
和歌山
愛媛
高知
四国
長崎
熊本
宮崎
九州
鹿児島
沖縄
沖縄
26 高清水
27 下小屋
28 津江
29 熊河
30 割谷
31 北生見
32 八丁
33 今畑
34 大瀬
35 金山
36 杉森
37 八田原
38 右穴ヶ浴
39 尾島
40 今宮
41 比岐島
42 竹屋敷
43 上岡
44 端島
45 舟森
46 内大臣
47 中道
48 吹山
49 本之牟礼
50 宇多良
0 100km

記憶に残る廃村旅 ― 目次

カバー写真　（表）東京都峰　（裏）秋田県袖川

凡例（その１）

①　「廃村」は「人が住まなくなった集落」（無住集落、無居住化集落）のことをいう。明確な境界線は引けないため、冬季無住集落、１戸が残る集落などを含んでいる。また、旅においては、過疎集落、高度過疎集落（おおむね戸数５戸以下の集落）も意識している。全国の廃村の総数は、５千前後と思われる。

②　村（ムラ）は集落を示すもので、行政村（自治体）ではない。また、１万人規模の大きな集落も村の範疇に含まれる。全国の村の総数は、十数万と思われる。

③　筆者は訪ねた廃村を、廃村そのものの累計数と、「廃村千選」（昭和34年以降に学校があった廃村で、高度過疎集落を含む）の累計数を２本立てで数えている。本書では、廃村そのものの累計数を表に出してまとめた。

④　集落名は、学校名や地形図上のもの（現地で通じるもの）なので、必ずしも住居表示とは一致していない。

⑤　戸数は、「角川地名大辞典」「郵便区全図」「電信電話綜合地図」、各市町村史などから調べて、最盛期もしくはそれに近いものを記した。

⑥　移転年は、明確に「○年」とすることが難しい場合がある。このため、明確でない場合には、閉校年、現況、地域の方の声などから推測して「○年頃」と記した。

⑦　集団移転、個別移転の判断は、参考文献等に明確な記述があるものを「集団移転」、それ以外のものを「個別移転」とした。

⑧　文中の年の表記は、主に西暦、従（おおむねカッコ内）に和暦を用いた。

※　以下、凡例（その２）、114ページへ続く。

ブログをライフワークにしてお金と自由を生み出す方法

How to make money and freedom with a blog as your life's work!

中道あん
Nakamichi Anne

自由国民社

はじめに

こんにちは。

Ａｍｅｂａブログ（以下、「アメブロ」といいます）で『アラフィフの生き方ブログ―50代を丁寧に生きる、あんさん流』を主宰している、中道あんです。まずは簡単に自己紹介させてください。

かれこれ十数年、夫とは別居中。共に社会人の長男長女と、7歳になる愛犬とでひとつ屋根の下に暮らしています。東京に次男家族がおり、年長さんの孫娘がいるお婆ちゃんでもあります。

私の一日は、朝起きて犬を散歩に連れ出すことから始まります。散歩を終えたら簡単な家事をすませます。残りの午前中は執筆活動に専念して、午後からクライアントさんへのコンサルティング業務や打ち合わせ。合間にブログを投稿。夕方にまた愛犬を散歩に連れ出して一日の仕事が終わります。

「好きな場所」で「好きな時間」に「好きなこと」をして働く、自由なライフスタイルを送っています。いったい、どうしてそんな自由をゲットできたのか気になりませんか。

実は、これらすべてがブログをライフワークにしたおかげなのです。

２０１４年にブログを始めて、今年で丸10年になります。２０１６年にＡｍｅｂａ公式トップブロガーに認定され、その翌年、『50代、もう一度「ひとり時間」』（ＫＡＤＯＫＡＷＡ）を上梓《じょうし》しました。２０１９年には会社員生活にピリオドを打ち、ブログを商品にして起業します。そして、２０２３年7月、60歳を目前にして会社を設立。現在、著述業、ブロガー、コンサルティング業、不動産投資業などで収入を得ています。

この10年で私の人生は目まぐるしく進化し、「自由な働き方」といくつかの「お金のパイプ」を増やすことができました。すべてブログで情報発信してきたからこそです。

こういうと、「才能があったからじゃないの？」「元々、資金があって事業に投資できたからじゃないの？」など、「あんさんだからできたんじゃない？」と言われてしまいそうですが、そんなことはありません。

元々、私は学歴ナシ・資格ナシの専業主婦であり、再就職してからは会社員という肩書きが加わっただけ。なんとなく生きてきて、ふと気がつけば50歳。「私の人生はこのまま終わっちゃうのかぁ。今まで一体何をしてきたんだろう」と多少なりとも人生に、いや、自分自身に対して不満を持っていたのです。

そんなタイミングで長男に勧められてブログを書き始めます。始めたからには中途半端は嫌でした。これ以上残念な自分にはなりたくないと思い、とにかく継続することだけを目的としてスタート。それが、今のような起業への一歩になるとは1ミリも想像していませんでした。

誤解を恐れずに言えば、ブログは娯楽の一種であり、暇つぶしにやるようなもの。でも、娯楽だって真剣にやれば、柔軟な思考と創造性が育まれます。ブログで、自分の魅力を世間に向けて発信し続ければ、その情報を必要とする人が集まってきます。

「ブログなんて日記やん。そんなんで起業なんてできるわけない」「主婦のあなたに何かができるなんて甘い考え」「悪いこと言わんから止めとき」というアンチの意見をしり目に起業し、ブログで成果を出す方法、ブログで集客する方法、ブログでパーソナル・ブランディングする方法、ブログで人生を変える方法などを伝授する「LIFE SHIFT - BLOG LESSON（ライフシフトブログレッスン）」が誕生します。これは「好きなことを極めれば、それ自体が仕事になる」ということの実証です。

私の好きな言葉のひとつに「足るを知る者は富む」というものがあります。「満足を知っている者は、たとえ貧しくとも精神的には豊かで、幸福である」という老子の教えです。だから、「丁寧な暮らしで足元の幸せに気づこう」という生き方をしてきました。シングルマザー家庭で裕福ではなかったのですが、お金を使わなくても「豊かさ」を感じてはいました。

でも、それができたのは世の中がデフレだったからではないかと思います。コロナショックで人々の暮らしも大きく変わり、インフレが進んでいます。私の年金も年々、支給予定額が少なくなり、このままいくと年金だけでは暮らしていけないレベルにまでなってしまいそうです。節約も大事ですが、生活を切り詰めなければいけないのなら、節約より収入を増やすことを考えるべきでしょう。

そこで必要になってくるのが「稼ぐ力」です。

世の中が、どんな状況にあっても「稼ぐ力」があれば、強く生きていけるはずです。これまで私たちは、仕事は仕事、遊びは遊びと分けて考えてきました。月曜から金曜まで働き、土日は休養や遊びに時間を使う。このパターンで稼ごうと思ったら、労働単価を上げるか、遊びに使う時間を減らすしかありません。労働単価を上げるには、給料のいい会社への転職を考えることになりますが、若い頃ならともかく、中年期以降は難しいのではないでしょうか。遊びを減らして土日はアルバイトに行く。それでは、「お金」のために人生を捧げているようなもので、なんだか苦しそうに思いませんか。

どうせ稼ぐなら「自分の好きなこと」「自分の得意なこと」で遊ぶようにして稼いでみませんか。

好きなことはいずれ得意になるし、得意なことはいずれ好きになります。もちろん「お金」は大事です。でも、仕事が楽しいか、やりがいがあるか、一緒にいる人が好きかどうかも、とても大事なこと。人生において、なんといっても働いている時間は多いものです。

だからこそ、情熱をもって打ち込めることを仕事にしたほうが、人生の充実度はアップすると思いませんか。

人生は楽しんだ者勝ち。一度しかない人生を楽しむためにも、ブログで「自分らしさ」を表現し、世の中の人にあなたの存在を知ってもらうことが大事なのです。

ＳＮＳ全盛時代に「ブログ？」と思われるかもしれません。確かに流行に乗れば一瞬は稼げるかもしれません。でも、情報発信の基礎力がなければ、ブームが去ればあっという間に稼げなくなります。私がブログを推す理由は、文章には「人の心を動かす」エネルギーを宿すことができるから。言葉は人の行動に働きかける力が大きいのです。情報発信には「文章」がなくてはならない存在です。そのスキルに磨きをかけるのがブログであり、同時にビジネスに必要なマーケティングのスキルも身に付きます。

初心者がビジネスで稼ぐには、ブログは最適な筋トレだと思います。まずは1万円稼げる自分になり、5万円を目指す。5万円稼げるようになったら、10万円を目指す。発信力をつけながら「稼ぐ力」を鍛えていく。まだまだ「ブログ」で稼げると思っていますし、実際に稼げています。本書では、まったくのゼロからブログを始めて、どのようにして読まれるブログに育てていったのか、読まれるブログの基礎力とはどういうものか、そして、どのようにしてブログで集客し稼げるようになるのか、そのステップをまとめました。

ブログで人生を変えるために必要な、あなたの奥底に潜んでいる魅力を発掘し、その魅力を存分に発揮してお金と自由を生み出す方法を一緒に考えていきましょう。

CONTENTS

ブログをライフワークにしてお金と自由を生み出す方法

第1章 お金と自由を手に入れるために、ブログを始めよう

第2章 あなたの強みを発見し、発信につなげよう

第3章 一歩を踏み出す「ひと握りの人」になるためのヒント

第4章 10年ブログを続けるマインドを養い、習慣化しよう

第5章 ブログのファンを増やすワンランク上のテクニック

第6章 収益を増やし、自分自身も成長していこう

本書は2024年4月現在の情報を基に執筆されたものです。執筆時より後の変更や更新、改廃などにより、本書記載の事実や現象が異なることがございます。

装丁デザイン 喜來詩織（entotsu）
カバーイラスト 須山奈津希
編集協力 高比良育美
英文監修 竹田さをり
本文DTP制作 株式会社シーエーシー

第1章

お金と自由を
手に入れるために、
ブログを始めよう

Start a blog to gain
profit and freedom!

1

ざっくりとでいい、10年先を考えてみよう

10年後、どうなっていたいですか？

現在地と理想のギャップを確認

あなたは10年後、どうなっているか想像ができますか？　10年なんてだいぶ先だと思うかもしれません。でも、10年前のことを思い出してみれば、あっという間に過ぎてしまうことが分かるのではないでしょうか。

先のことを想像するだけで不安でいっぱいだという人もいるかもしれません。

今は収入があるけれど余裕があるとは言えず、それなのに刻一刻と迫りくる定年。退職金はもらえるか分からず、受け取れる年金額も少ないし、大して蓄えもない……。10年後って、今より余裕がないかもしれない!?　一体どうすればいいの？

不安には色々な原因があるものですが、どなたにも大なり小なり、**お金の不安**が大きくのしかかっているのではないでしょうか。お金があれば、それ以外の不安はある程度は解消できるということもあります。

私は、縁あってこの本を手に取ってくださったあなたに、お金の不安から解放され、時間や人間関係の自由を手に入れ、毎日楽しく、未来には希望がいっぱい……、そんな人生を手に入れてもらいたいと思っています。

人生に小さな変化を起こすための第一歩として、本書は**ブログを始める**ことをおすすめしています。

「ブログですか?」「そんなにうまくいくわけがない」「発信なんてできないし、続かない」、そんな声が聞こえてきそうです。

「能力や才能があるわけでもないし、パソコンどころか、なんならスマホだって苦手だし、仕事をしているし、家のこともあるからあまり時間も取れないし、こんな歳になっているのに今から始めるなんて……」。そんな気持ちも心のどこかにあるかもしれません。

その気持ち、本当によく分かります。私自身、ブログを始めてから5年で会社を辞めて起業できるなんて、当時は夢にも思っていませんでした。

ブログをきっかけに人生がどんどん変わっていき、延べ400人以上の受講生さんにブログで稼ぐ方法をお伝えしてきましたし、本を出版したり、投資運用益でプチ不労所得を得たりしつつ、家族と愛犬と、毎日楽しく幸せに暮らしています。

「会社に頼らず、自分の力で稼いでみたい」と私が初めて思ったのは、54歳の時でした。若い世代の起業も増えている中で、かなり遅い目覚めだったと思います。

48歳で転職した時、これからの人生はまさに順風満帆にいくと思っていました。転職先の会社で提示された給与は前職のそれを大きく上回り、基本給は毎年数%上がっていくという条件まで示されていました。たとえ2%程度でも、給与が毎年複利のように増えていくなら、長く働くほど多く支給されるようになるはずです。退職後も老後も「私の未来は明るい」と心が弾みました。

でも、それは「絵に描いた餅」でした。勤務先の会社の業績は不景気のあおりを受けて悪化。昇給は年に数千円、定年の数年前からは一律千円のみという大改悪。昇給が率から定額になったことで、定年までの収入は分かりやすく計算できてしまいます。この時点で私の定年までの給料が決まり、使えるお金の上限も決まってしまいました。増えていくはずだった複利がなくなったことで、私の未来は閉ざされてしまったのです。

現状のままではうまくいかなくなることもある

今となっては、この出来事があってよかったと思っています。もし、会社の業績が悪化しなければ、勤務先に依存することの怖さも分からず、自分の力で稼ごうと思うこともなかったかもしれません。いずれにせよ、間違いなく今の私はいませんでした。

勤務先の業績が順調なままだったら、それが一番よかったかと言えば、それも違うと思います。どんな人でもアラフィフにもなれば、気力や体力に陰りが見え始めるもの。疲れやすくなったり、更年期特有の症状が出たりする人もいます。仕事でミスでもしようものなら、「いつまでこの会社に居場所があるだろう」と不安にさいなまれるようになるかもしれません。

働けば働くほど豊かになる時代ではなくなった今、これは誰にでも起こりうることです。

今の状況を書き出してみよう

分　野	現在の状況
心身の健康	耳鳴りがする、時々ふらつく。寝る前に激しい動悸がある。ストレスは大きい。
経済的な充実	60歳までに1000万円を頑張って貯めようとしている。数年に1度は海外旅行に行ける状態。でもカツカツ。
仕事・キャリア	平日、土曜日、祝日、盆正月は出勤。夜8時まで働き、ダッシュで家に帰って夕飯を作る。睡眠時間は4～5時間。ストレス解消のため夜中にパンを焼いている。
家族・会社での人間関係	子どもを一人前の社会人にするまでは頑張らなきゃと思っている。 会社では、社長からの評価が自分の社内価値だと思っている。
住宅環境	新築で購入した家も、老朽化が進み修繕費が嵩張ってきた。大型電化製品が突然壊れたりすると家計は大打撃！ 家の修繕費、電化製品などの買い替えに別に貯金が必要。
精神・感情の状態	いつも何かに追われて焦っている。 もっとお金と時間の余裕が欲しい。
社会的なつながり	半径10キロ圏内が自分の社会。家と会社の往復でコネなし人脈なし。
趣　味	ケーキ・パン作り、読書。
時間の使い方	家事と会社に人生を捧げている。だからこそ休日のひとり時間が至福の時。

10年後にどうなっていたいか書き出してみよう

分　野	10年後の理想的な将来像
心身の健康	ぽっこりお腹が解消し、年齢を感じさせないスタイル。人間ドックではオールAになっている。
経済的な充実	毎月30万円の収入があり、節約を意識しなくても暮らせる。一部投資に回してお金にも働いてもらっている。
仕事・キャリア	週3日フルタイム、その時間は会社に自分時間を売っている。
家族・会社での人間関係	家族との関係は穏やかで争いごとはない。子ども達は全員結婚している。孫に何でも買ってあげられる太っ腹なお婆ちゃんになっている。仕事の能力は落ちてしまったが人生経験を積み上げてきたので相談役として頼られている。
住宅環境	小さくても自分の家があり、北欧スタイルを楽しんでいる。
精神・感情の状態	感情のコントロールができるようになり、穏やかな性格になっている。不安や恐れがない状態で安心して暮らしている。人としての成長を実感できている状態。
社会的なつながり	会社に属していることで社会的に貢献できていると感じており、自分のできることで何か役立つことがあればいつでも手伝える状態。
趣　味	海外旅行を目標とし、たまにひとり旅をする。たくさん読書をしている。
時間の使い方	週3日はライスワークと割り切って仕事に行く。残り4日は国内旅行、ひとり時間などを大いに楽しんでいる。

「このままで本当にいいのだろうか？」

そう思っているあなたは、もうお金と自由を手に入れる人生の入り口に立っていると言えます。

一度現状を確認し、「10年後どうなっていたいのか？」ノートとペンを用意して、時間を取って考えてみてください。そのとき注意してほしいのは、世間の評価や自分への評価を基準にして、枠にはめて考えないことです。あなたの本音に従って書いてみてください。

20～21ページは、私がブログを始める前の当時を振り返って書き出したものです。現状と望む未来との大きな溝に気づかされます。

あなたの場合はどうでしょうか。もし、「理想とする未来になりそうにない」と思ったなら、どうぞこの先も読み進めてくださいね。

2

無料で簡単、すぐに誰でもできる
ブログは普通の人の人生を変えてくれる
令和の時代にブログをすすめるワケ

私の人生を変えてくれたもの、それはブログです。普通のワーキングマザーだった私が、時間を切り売りする会社員から卒業し、時間とお金の自由を手に入れました。

私はこれまでにブログ講座を開き、本を出版し、メディアの取材なども度々受けています。それもブログを書いてきたからこそです。

ブログを書いていたけれどやめてしまった方も、ブログは読み専（読む専門）の方も、ほとんど知らない方も、ぜひ人生を変えるブログを始めてみませんか？

ある程度ブログ文化をご存じの方なら、「今さら、ブログなんて」と思うかもしれません。

確かに、かつては「ブログブーム」と言われた時代がありました。当時を知る人は「記事を書けば、人が集まった」と言います。読者が多く、大きな影響力を持つ人気ブロガーさんたちは、次々と本を出版したり、富を築いたりしていました。

では、今は時代遅れになったかといえば、そんなことはありません。当時の異常な熱が沈静化し、当たり前のツールになっただけ。**ブログは今でも十分稼ぐことにつながるツールです。**自分の成功体験からだけでなく、私のブログ講座の受講生さんを見ていても、自信を持って断言できます。

ブログの成功がビジネスの成功につながる

私は常々**「ブログで頭角を現す者は、ビジネスでも成功する」**と話しています。ブログには自分でビジネスを行う上で必要な知恵やスキルが詰まっているからです。

ブログは、すべてのビジネスの起点であり、ビジネスが回り始めてからも中心となり、あなたとともに成長していく存在なのです。

物を売るには、売るもの、売る場所、売る相手が必要です。この3つのどれが欠けても商売は成り立ちません。

言うまでもなく、売るものとは商品やサービス、売る相手とはお客さまです。大切なのは売る場所。私たちはお店を開く代わりに、ブログでお客さまを集めて、商品を販売するのです。

現時点では「商品がない」という方だってもちろん大丈夫。ブログを構築する中で、商品を買ってくれそうな方（見込み顧客）と交流しながら売るものを作ればいいのです。ブログでお客さまの意見を聞いたり、どんな物が欲しいのかリサーチしつつ、商品の販売までできるのです。私のブログ講座を受講した方のうち、早い人ではブログをスタートしてから3か月後くらいには商品・サービスをリリースしています。

ですから、副業を始めたいと思ったら、何を始めるか決まっていなくても、まず真っ先にブログを立ち上げることをおすすめしています。

ブログを始める10のメリット

ブログには、次のようなメリットがあります。

①リスクが少なく、いくらでもやり直せる
②稼げるお金は天井知らず
③知識が増える
④マーケティングに強くなる

そして、ブログで発信していると、次のように人生の質そのものがアップします。

⑤自信がつき、また別のチャレンジができる
⑥同じ価値観の仲間ができる
⑦世界とつながれる

⑧ ありのままの自分を認められる
⑨ 人生の目的が生まれ、楽しくなる
⑩ 無形の資産が増える

書くのが苦手でも、書くことがなくても大丈夫

ここまでおすすめしても、まだまだ「ブログなんてできない」理由が無限に浮かんでくることでしょう。

＊そもそも書くことが何もない。
＊文章力がないので無理。
＊これまで文章を書いたことがない。
＊パソコンもスマホも苦手。
＊忙しくて書く時間なんてない。
＊「いいね」をもらうために人に媚《こ》びたりしたくない。

私がブログを始めたのは、書くのが好きだからでも、得意だったからでもありません。当時、人に教えられるほど詳しいことも、自慢できるような何かもありませんでした。デジタル非ネイティブ世代ですから、ＩＴに強かったわけでもありません。

時間があり余っていたわけでもありません。ブログを始めた頃は、週５日会社員として働きながら、母のお世話をし、早朝から娘のお弁当作りにも励む毎日で、かなり忙しくしていました。

ただ、発信したいという気持ちはありました。そして、私がやったことと言えば、ただブログを「続ける工夫」をしただけ。その方法は第４章でお伝えしていきます。

今できることを始めてみたそらさんのケース

長男であり会社経営者でもある夫を持つ50代のそらさんは、家業の手伝いに追われる忙しい日々の中で、ふと「このままでは自分の人生を生きられない」と思うようになりました。

元々、文章を書くのが苦手で、何ができるか分からなかったそらさんですが、ブログを始めてから発信することで人とつながる喜びを知り、行動範囲がどんどん広がっていきます。ブログは、その日よかったことを最後に書き留めることで自己認識を深められるようにしました。気持ちも前向きになり、まずは今の自分にできることで稼いでみようと、不用品のぬいぐるみをメルカリに出品。それが千円で売れ、初めて自分で稼いだことに喜びを感じました。もっと専門的に学ぼうとメルカリスクールで勉強を始め、好きなことや得意なことで稼いでいる仲間にも刺激され、本格的にメルカリ物販をスタート。目標だった売上の5万円を達成し、そのことをブログで報告。ブログを始め、メリカリ物販を学んだことから、自分の経験を通して誰かの役に立ちたいと考えるまでになりました。

ブログを書くにあたり、経歴や肩書きは必要ありません。**あなたの「個」を活かし、行動と発信で価値を創り出していけばいいのです。**

情報発信を続けていくと、いずれコアなファンがついてきます。あなたはそのファンの人たちにとって唯一無二の存在となるのです。そして、ファンの人たちはきっとあなたの活動を応援してくれるでしょう。かつて「読み専」として憧れていた存在に、今度はあなた自身がなるのです。

3

傍観者（読み専）からは卒業！
夢中になって発信してみよう
受け身な人生とは決別する

「やったぁ、今日はもう更新されている！　あっ、このバッグいいなぁ……」

会社員時代の昼休み、私は、ある女性社長のブログを読むことを日課にしていました。美魔女風の女性社長は、バッチリ決まった出勤コーディネートで、きれいな玄関でモデルさながらの自撮り写真をブログに載せています。それを見た私は羨望のため息。私もこの人のようになりたいけれど、とても無理。せめてお金を貯めて同じバッグ買ってみようかと思うのが関の山。

でも、そんな日々は突然終わりを告げました。「忙しくなったのでブログをやめます」という終了宣言とともに、私の毎日の楽しみはなんの前触れもなく奪われてしまったのです。

憧れの彼女とのつながりも、一瞬にして絶たれてしまいました。

周りからの評価に一喜一憂するのと同じで、誰かや何かに依存するのは、ある日、一方的にはしごを外されることもあるのです。「推し活」などにも共通することですが、好きな俳優やアイドルを生きがいにしていると、ある日「引退」「解散」などで急に心の支えを失ってしまうかもしれません。

幸せで豊かな人生を送る方法はただひとつ、「与える側」になることです。誰かのブログ記事やSNS投稿を心待ちにしたり、推しの一挙手一投足に一喜一憂したりする人生は、「与えられ待ち」の人生です。そうではなく、あなたが発信する側、応援される側、つまり情報や娯楽、心の安らぎをみんなに「与える側」になることが大事。**与えるようになって初めて、人生の主導権を自分で握ることができます。**

与える方法のひとつがブログを書く人、つまりブロガーになることなのです。

ブログは読むものではなく、書くものと、今日から意識を切り替えましょう。**「読み専」を卒業し、あなた自身が発信者になりましょう。**

4

どの方法で稼いでいくか

ブログで稼ぐ仕組みを知っておこう

アメブロなら手軽に始められる

ブログ運営開設に必要なものは、「パソコンまたはスマホかタブレット」と「インターネット環境」、これだけです。

そして、ブログで稼ぐには、具体的に言うと、次の4つの方法からになります。

①**アドセンス**――広告がクリックされるとお金が入る
②**アフィリエイト記事報酬**――ブログで紹介した商品が売れたらお金が入る
③**PR広告**――ブログで商品やサービスを紹介し固定の報酬を得る
④**自分のサービスの販売**――商品を作り、ブログで集客する

ブログを開設するには様々な選択肢があります。もっとも有名なものは「ワードプレス（WordPress）」です。これは、ＣＭＳ（コンテンツ・マネジメント・システム）といって、ウェブの専門的な知識がなくても簡単にブログやホームページを制作できるサービスです。簡単とは言っても、サーバーやドメインを個別に契約したり、ある程度はウェブ言語の知識が必要だったりと、パソコンが苦手な方には難易度が高いといえます。

一方、無料で簡単に始められるブログサービスがあります。「はてなブログ」「楽天ブログ」「ＦＣ２ブログ」など、いくつかあるのですが、中でも特にユーザー数が多いのがアメブロです。

ＩＴに詳しくない人にはアメブロがおすすめ

率直に言って、初心者がブログを始めるならアメブロをおすすめします。ＩＴに詳しくなくても手軽に始められるからです。ワードプレスでブログを作ろうと取りかかってみても、カタカナばかりの専門用語を理解しようとするだけでひと苦労です。アメブロなら必要な事項を入力したり選んだりすればアカウントを取れるので、面倒なことはありません。デザイン性も高いので個性豊かなブログデザインにすることも可能です。

なんといってもスマホひとつで運営できるアメブロの手軽さは、少し稼ぎたい人や副業にピッタリだと思うのです。

この本ではここから先、アメブロによるブログ運営をお話ししていきます。

なお、ブログ開設の方法は、ここでは説明しません。説明するまでもないくらいとても簡単ですし、自分でビジネスを行っていく上で、分からないことは自力で調べることがとても大切です。スマホやパソコンで調べながらご自身で挑戦してください。

「アメブロは稼げない」の真相

スマホで手軽に始められておすすめできるアメブロですが、稼ぎ方にはある程度の制限があります。

特に、アフィリエイト記事報酬（ブログで紹介した商品が売れたら支払われる報酬）についても少し注意するべきところがあります。

あなたもブログで、芸能人やインフルエンサーが化粧品や服、脱毛サロン、ホテルや旅館などを紹介しているのを見たことがあるかもしれません。ブログ記事内で紹介されている商品をクリック（タップ）すると、その商品が販売されているページが表示されます。これが**「アフィリエイトリンク」**です。リンク先で読者がその商品を購入すると、ブログを書いた人にいくらかが支払われる仕組みです。

今は難しく感じるかもしれませんが、このような仕組みで収益が発生することを知っておいてください。

先に紹介したワードプレスで作ったブログなら、広告を出したい会社と提携すれば、基本的にどのような商品でもアフィリエイトリンクを掲載することができます。一方、アメブロにはアメーバピックという広告掲載システムがあり、そちらに掲載されている商品しか紹介できません。

また、ワードプレスのアフィリエイトでは現金が振り込まれるのに対して、アメーバピックのアフィリエイトでは、ドットマネーというポイントか、楽天市場の商品を紹介した場合は楽天アフィリエイト報酬という形で支払われます。ドットマネーは現金に交換可能ですが、楽天アフィリエイトの場合、現金として振り込まれるためにはある程度続けて稼いでいるなど、一定の条件があります。このような制約があることが、「アメブロは稼げない」と言われてしまう真相です（アフィリエイトの仕組みは、２０２４年４月現在の情報によるものです）。

ただし、ワードプレスに制約がないからといって、簡単に稼げるわけではありません。そもそもブログを始めるのに調べたり、時間がかかったり、トラブルが起きても自分で解決しなくてはいけなかったりで、ブログを書くこと以外にパワーを割かれてしまいます。

そもそも読者が集まらなければ、１円も得られないのはどんなブログやＳＮＳでも同じです。**稼ぐために大事なのは道具ではありません。人を集めるスキルのほうがよっぽど大事なのです。**

ワードプレスとアメブロ

分　野	ワードプレス（WordPress）	アメブロ（Amebaブログ）
特　　徴	自分でウェブページを自由にカスタマイズできる。 デザインなどにこだわったものが作れる。 検索エンジンからの流入者が主。キーワードを活かして記事が作成できる。 最近ではSNSとの掛け合わせが必須。	ウェブの専門知識がなくても簡単に始められる。 とにかく書くことに集中できる。 アメブロがAIや記事コーナー、ランキング、＃タグ検索などでブログの露出を応援。検索エンジンであるグーグルディスカバーからの流入あり。
収 益 性	広告やアフィリエイトから収益を得られる。１億円以上稼ぐブロガーもいる。	ファンを作りブランディングしてウェブ集客向き。 アメーバピックによる収益は一般人では数百～数十万円といったところ。
デザイン性	自分の思い通りに作れる。 テーマを利用すれば比較的簡単に作れる。	328種類のデザインがカテゴリ別に分けられてあり、テーマを軸に探す。 テンプレートデザインが豊富。
費　　用	レンタルサーバー、ドメインなどによる経費が月額数百～数千円かかる。	無料
必要なもの	レンタルサーバー 独自ドメイン ワードプレスのインストール	URLから新規登録 スマホでサクッと登録

マーケティングスキルを身に付けよう

ブログで稼ぐことができれば、ビジネスを行う上で必須の知識であるマーケティング力が自然と身に付きます。マーケティングとは、商品を売るための仕組みのことです。

先にお伝えしたように、アメブロにはアメーバピックという独自のアフィリエイトプログラムがあり、そちらの商品を紹介することで収益化できます。

営業や物を売った経験のない人は、「自分に何か売れるのだろうか」と思うかもしれません。でも、「自分が本当にいいと思ったから人にもおすすめする」と考えれば、できそうな気がしませんか？　セールスだと思うとハードルが高く感じられますが、家族や友達に「これ、本当にいいから使ってみて」と言った経験なら誰にでもあるでしょう。

あなたの周りに「これで迷ったらあの人に聞こう」というプチ専門家といえるような人はいませんか？　例えば、収納グッズを買いたいと思ったら、収納やインテリアに詳しい人に、実際に何を使っているのか聞きたくなります。自分であれこれ調べるより、おすすめのものを買ったほうが手っ取り早くて間違いがありませんからね。

つまり、あなたがそういうプチ専門家になればいいのです。読者があなたのブログを見て、「○○さんがおススメするなら信頼できる、買ってみよう」とポチッとしてくれる（リンクをクリックして購入してくれる）ということです。

ただ、ブログの読者はあなたの家族や友人と違ってあなたのことを知りません。だから、「あなたが何に詳しい人なのか」を意識して発信していくことが大切なのです。

ただ「おすすめ」と書いても、「なぜおすすめなの？」と読者は疑問に思うかもしれません。ですから、商品について丁寧にレポートすることが大切です。商品の魅力をしっかり伝えるために、「欲しい」「使ってみたい」と思ってもらえるように書きましょう。商品のよさが分かる写真を掲載するのも重要です。また、メリットだけではなく実際に使ったからこそ気づいたデメリットも教えてあげると親切ですね。

アメブロはユーザーも多いので、他のブロガーや読者とコミュニケーションを取ることも簡単です。人との交流が好きな方ならファンもつきやすく、相乗効果で商品がより売れるようになります。

5

読者に価値を提供する

ブログを情報発信ツールにしよう

ただの日記と稼げるブログは違います！

稼げるブログにするためには何を書いたらいいのでしょうか？

誰かを傷つけるような文章や、倫理・道徳的にどうかと思われるような写真、法律に違反するような内容なら別ですが、そうでなければ自分のブログに何を書くのも自由です。日記だろうが愚痴だろうが、ダイエットの記録に使うのだってＯＫなはず。

でも、日記や愚痴、個人的な記録を読みたい人がいるのかというと、ちょっと疑問です。そんなことを書いても、家族やせいぜいお友達がたまに読んでくれるかどうかという程度でしょう。

普通の日記なら誰にも読まれなくていい（むしろ読まれたくない）ようなものですが、ブログを稼ぐツールにするならそれではダメです。できるだけ多くの人に読んでもらわなくてはいけませんよね。

では、**「読まれるブログ」**とはどんなブログでしょうか。簡単に言えば、ある人にとって「読む価値がある」ブログです。日記は「自分が満足するためのもの」、あなたがこれから書くブログは「読む人を満足させるためのもの」と理解しましょう。

人は、自分が見たいもの、知りたいことにだけ意識を向けています。情報が氾濫している現代では、膨大な情報に接していては混乱したり疲れたりしてしまいますよね。ですから、人は無意識に自分に必要な情報だけを選別しています。そうすることで混乱しないようにしているのです。

あなたも、たくさんのインターネット広告や記事が並んでいる中から、ふと目に入ったものをクリックして開いた経験があるでしょう。それは、その広告や記事が「自分に呼びかけている」「自分に関係がある」と感じたからなのです。

発信する側になるなら、**人の「見たい」「知りたい」欲求を満たすことを意識して発信する必要があります。**

読む価値があり、信頼してもらえるブログにしよう

あなたが書くのは、ただあったことをつらつら書く日記ブログではなく、あなたを知らない人の「見たい」「知りたい」欲求を満たし、価値を提供する情報発信ツールとしてのブログです。ここからお話ししていくブログとは、このようなブログのことだと思ってください。

あなたがやったこと、感じたこと、伝えたいことで、マス（大衆）が求めている欲求を想像し、接点を見つけ、仕事や生活に活用できるような価値を提供するのが情報発信です。

情報発信ブログは、読んだ後に読者の感情や行動が変わります。

レストランに行ったことを「おいしかった。また行きたい」とブログに書けば、あなたを知っている人が「よかったね」と思い、「いいね」ボタンを押してくれると思います。でも、それで終わりです。これでは情報発信ではなく、日記、あるいは身内での交流に過ぎません。

あなたがこれから書いていくのは、もう一歩先を行く記事です。全然知らない人に「欲しい」「絶対に行く！」という感情を湧き起こさせるような記事なのです。

重要なのは「このブログは信頼できる」と思ってもらうこと。読者が実際にそのレストランに行ってみて、あなたの書いたとおり「おいしかった」「おすすめメニューがよかった」「友達にも喜んでもらえた」という体験を積み重ねると、「このブログの情報には間違いがない」「このブロガーは信頼できる」と感じてもらえます。

その積み重ねがブログ自体の信用になっていきます。そして、信頼されるところにはお金が使われるのです。

それなら、世の中を見回して、とにかく役に立つことを探し、何でもいいから記事にすればいいのかといえば、それは違います。

ブログで一番大切なのは、あなたが書いていることを「好きであること」なのです。

6

好きなこと優先？　儲かりそうなこと優先？

どうせなら好きなことで稼ごう

楽しいから続く、楽しいからアイディアが浮かぶ

「読者にとって価値のある情報を発信する」と言われても、何ができるか分からないという人におすすめしたいのが、強みや好きなことで発信を始めてみること。

私自身ももちろん、好きなことをテーマに選んだから、10年間、毎日発信し続けることができたのです。

よく、好きなことより、受けそうなこと、儲かりそうなことを優先する人がいます。

中には、わざわざ何かの資格を取ったり講座を受講したりする人もいます。チャレンジしている姿を発信すること自体は賛成ですし、そのことに本当に興味があれば問題はあり

ません。しかし、発信という本来の目的を見失い、資格を取ったり講座を受けたりしただけで満足してしまう人も多いようです。

「お金になりそうだから」という理由だけで好きでもないことを選ぶのなら、それは仕事と変わりません。義務感だけでは、いつか息切れしてしまいます。**自分の外に商品を探しに行くのではなく、自分の中にあるものを見つめましょう。**

わざわざ新しいことを始めなくてもいい

今までやってきたことに価値を見出せないのか、まったく違う分野でブログを始めたい、起業したいと言い出す人がいます。例えば、「小さな頃にやりたかったこと」「最近流行っているおもしろそうなアレ」「年齢に関係なくできそうなもの」などです。

子どもの頃にできなかったバレエを50歳になってから始めるというケースで考えてみましょう。挑戦する様子を発信するのは読む人を勇気づけられるかもしれず、そういう意味ではいい面もあります。けれども、いくら興味のあること、やりたかったことでも、50歳になってからではモノにならないことのほうが多いですよね。
ビジネスという視点で考えれば、それまでの自分とあまりにもかけ離れたことでは難しいのです。

また、流行を追うのは、一時的には上手くいくかもしれませんが、ビジネスの本質は「継続」です。だからこそ努力し続けられるものがいいでしょう。歳を取ってからも続けられることでなければなどと、やりたいことを諦めたり制限したりする必要はありません。心の底からやってみたい気持ちが湧き上がる、ハマれることをビジネスにつなげましょう。

私と同じシングルマザーの素敵なブロガーさんがいます。会社員として働きながら、2LDKの賃貸マンションでインテリアや収納の話題を中心としたブログで、シングルマザー兼ワーキングウーマンの気持ちを、娘さんとのふたり暮らしに絡ませて発信していました。「シンプルに暮らす達人」とでも言いましょうか。そんなコンテンツが人気となり、本を出版するまでに。現在は会社員をやめて整理収納アドバイザーとして独立されています。好きなことにとどまらず、読者にとっての価値を提供できたことで、立派なビジネスになったのです。好きが仕事になった成功パターンといえるでしょう。

好きなことは「やらなきゃ」と思わなくても自然にできてしまうし、**やっていて楽しいから続く**のです。楽しいから**いろいろなアイディアも浮かびます。**元々興味があることなので続けるほど詳しくもなり、「好きこそものの上手なれ」というように、やがてそれは得意なことになり、才能になっていくのです。

好きなことは前向きに取り組めるので、経験や知識が身に付きやすいのです。

①息をするくらい簡単にできること
②人から「すごいね」とよく言われること
③時間を忘れて没頭できること
④長い年月やり続けてきたこと

以上4つの観点から、あなたの「好き」をできるだけ多く発掘してみましょう。

好きなことを発掘するワーク

次の15の設問に答えてください。答えたら、「なぜ、そう思うのか？」「なぜ、そうだったのか？」を少し深堀りしてみましょう。書き出した答えを客観的に見てみると、あなたの「好き」の傾向が見えてきます。

Ｑ１　お金をもらわなくてもやりたいことは何ですか？

Ｑ２　お金を払ってでも勉強したいことは何ですか？

Ｑ３　学校で好きだった科目は何ですか？

Ｑ４　小学校の頃、夢中になっていたことは何ですか？

Ｑ５　普段、よく検索していることは何ですか？

Ｑ６　これまでに一番努力したことは何ですか？

Ｑ７　これまでどんなことにお金をつかってきましたか？

Ｑ８　これまでどんなことに時間をつかってきましたか？

Ｑ９　今、何をしているときが一番心地いいですか？

Ｑ10　これまで自ら選んで読んできた本のジャンルは何ですか?

Ｑ11　今、社会において問題（課題）だと思うことは何ですか?

Ｑ12　克服してきた悩み（コンプレックス）は何ですか？

Ｑ13　これから解決したい悩み（コンプレックス）は何ですか?

Ｑ14　今週末、ひとり時間を過ごすとしたら何をしたいですか?

Ｑ15　これだけは一生続けたいという楽しみは何ですか？

「好き」の熱は人の行動まで変える

私がブログを書き始めた頃、読んで勇気をもらっていたブログがありました。耳鼻科でパートとして働いていた、主婦のまきみちさんのブログです。彼女は40代半ばで絵を習い始め、50歳手前で「プロになる」と覚悟を決め、毎日絵を描く生活を始められました。その様子が、クスッと笑えるユーモアあふれる文体でつづられていて魅力的でした。

版画展に作品を応募したり、ポストカードを作ってECサイトで販売してみたりと、熱心に創作活動をしている様子がブログから伝わってきました。とはいえ、すべてが上手くいっているようでもなくて、制作中に失敗したり、家の中は作品が散らかり放題だったり、時には落ち込んだりする出来事もあって、つい「がんばって！」と声援を送ってしまいます。まきみちさんが個展を開かれるときにはお邪魔したり、開催情報をシェアしたりして、微力ながら応援していました。同じような気持ちのブログ読者さんが多くいたようで、個展はいつも大盛況です。

その後、彼女がどうなったかと言いますと、50代半ばで挿絵、挿画を仕事にするようになり、ついには絵本『くまのボウボウ』（出版ワークス）を出版。関西のみならず関東にまで活躍の拠点を広げられています。

私はまきみちさんを自分の写し鏡のように感じて、ずっとブログを追いかけていました。２０１５年に彼女の個展のレポートをブログでも発信していました。その当時、起業のキの字も気にしていなかった私が書いた内容を一部抜粋します。

・・・・・・・・・・・・・・・・・・・・・・・・・・・・

趣味を突き詰めてやっていると　チャンスが訪れる時がくるかもしれない
それには努力も必要だし　チャンスを掴むアンテナも必要

手作り○○を、○○の技術や知識を　いいなぁほしいなぁといってくれる人が現れたら
プレゼントするのではなく　○○に対価という価値をつけるべきだと思う

それがビジネス、職業の始まりだと思う

それができるって幸せな事だな

・・・・・・・・・・・・・・・・・・・・・・・・・・・・

まきみちさんのブログを読んで「私にも何かできるかもしれない」と感じていたのです。好きを軸に発信することの大切さを、まきみちさんは私に教えてくれたのです。

その4年後、私も好きなことを仕事にすることができました。

このように、ブログであなたが挑戦している姿を見せることで、誰かを勇気づけ、その誰かの人生を変えてしまうことだってあるのです。そのこと自体はお金にならなかったとしても、まわりまわってきっとあなたを豊かにしてくれるはずです。

あなたも飽くなき探求心をもって取り組める情熱やワクワクをベースにしてほしい。たとえ途中で発信をやめてしまっても、あなたが見つけた「好き」はあなたの中に残ります。

好きなことは人生に豊かさをもたらしてくれるのです。

7

量質転化の法則

毎日コツコツ投稿しよう

ブログ更新を習慣化しよう

何事もそうですが、初めから上手くいく人はいません。**成功者ほどたくさんのことに挑戦し、たくさん失敗して、上手くいったものが残っただけのこと。**成功の下には大量の失敗が眠っているのです。

だからこそ、行動量の多さが成功への近道であり、考えながら動いていく「考動」が大事になってきます。私がブログを毎日投稿し続けることにこだわるのはこの理由からです。

「量質転化の法則」という言葉があります。これは量を積み重ねることで、質的な変化を起こす現象を指しています。ブログに当てはめて言えば、書けば書くほどブログそのもの、そしてあなた自身にもいい変化が起きると言えます。

流麗な文章でつづられてはいるもののずっと更新されていないブログより、つたないところはあっても、毎日更新されているブログのほうが読みたくなると思いませんか？　たくさん記事を積み重ねることで内容も充実し、メディアとしての価値が上がっていきます。過去の記事も検索して読まれたり、関連する記事も読まれたりするので、どんな記事も無駄になりません。

アメブロを活用したビジネスには、強いファン作りが必要不可欠。ブログは読者によって育てられるものです。そのために重要なことは読者との接触回数を増やすこと。ひとつひとつの投稿で、好感度や評価を高めていきましょう。

また、書けば書くほどあなたのライティングスキルも上がっていきます。だから下手でもガンガン書くことが大事なのです。

しかし残念ながら、質に転換するまでに多くの人がやめてしまいます。特に始めた頃は時間も労力もかかるわりに、読者も「いいね」もなかなか増えないので、やる気がなくなって脱落してしまうのです。

5万円くらいなら「楽して、すぐに稼げるはず」と思っていると、反応のない期間に耐えられません。「たったこれだけをすることで月商100万円」とか「誰でも簡単に稼げる方法を教えます！」という広告を見かけますが、もしそれが本当なら、みんな仕事を辞めて起業で成功していますよね。確かにすぐに稼げる人もいますが、それまでに積み上げてきたものがあるから稼げるようになるのです。

ブログはすぐには育ちません。でもコツコツ投稿を続けているうちに、いつかブレイクスルーします。ぜひ流れに乗るまで続けてみてください。

ブログが読まれるようになり、収益化するようになるまでのステップはこんな感じです。

①質より何よりもまずは毎日ブログを更新する。
②ブログ投稿の習慣化に成功する。
③だんだん書くのが楽しくなり、上達していく。
④読者が集まってくる。
⑤「ありがとう」と感謝のコメントがつく。

⑥ もっと実力がついてくる。
⑦ 商品・サービスをリリースする。

高額商品を販売したいのなら、集客の仕組化なども必要ですが、月数万円を稼ぎたいレベルなら、ブログ一本で勝負することも十分可能です。

8

本質で勝負！

読者にもブロガーにも媚びを売らなくていい

「いいねまわり」も「フォロ活」も必要なし

「『いいねまわり』や『フォロ活』をしたほうがいいのですか？」というご質問をよく受けます。

ご存じの方も多いと思いますが、アメブロには記事ごとに「いいね」ボタンが設置されています。アメブロに登録している読者はこれを自由に押すことができます。ボタンを押す基準は様々ですが、「見たよ」「おもしろい」「気に入った」といった好意的なメッセージが込められることが多いでしょう。ブログ運営者は管理ページから誰が「いいね」ボタンを押してくれたのかが分かり、そのページには「いいね」を押してくれた人のブログのリンクもあり、リンク先に飛んでその人のブログを見ることもできます。

誰だって「いいね」をもらえばうれしいものです。「いいね」の数が多いほど多くの人に評価されている人気ブログに見えます（実はそうとは限らないのですが）。

また、「フォロー」といって、気に入ったブログの読者になることもできます。

「いいねまわり」とは、他の人のアメブロの記事に「いいね」を押してまわること、「フォロ活」とは、様々なブログを積極的にフォローすることを意味します。

さて、冒頭の質問ですが、結論から言えば、私は**「いいねまわり」も「フォロ活」もしなくていい**と思います。私自身もやったことがありません。

あなたが「いいなぁ」「役に立った」と思ったブロガーさんの記事に積極的に「いいね」ボタンを押したり、コメントを残したりして、楽しく交流するのはおすすめです。私も、自分のブログにいただいたコメントには必ずコメントを返すようにしています。

ただ、「いいね」や「フォロー」は、「『いいね』をしたのだから自分のブログにも『いいね』を返してほしい」「フォローしたのだからフォローを返してほしい」という意図をもって行われる、認知を広める活動の一環として使われている面があります。

コンサルタントに言われて、素直に毎日300人に「いいね」ボタンを押して回ったという人もいました。他のことをする時間がなくなり、すっかり疲弊し、ブログを書く時間も気力もなくなるという、まさに本末転倒な結果になったそうです。

300人に「いいね」を押すには、1回押すために0.5分かけたとして150分、つまり2時間半を費やすことになります。そのコンサルタントの教えも間違っているわけではなく、れっきとした読者を増やす戦略のひとつではあるのですが、「そんなことに時間を費やすくらいなら、記事を書いたほうがいい」と思いませんか。

利用する、しない？　外部のツールやサービス

「いいね」やアクセスの数は、そのブログに人気があるかどうかを判断するあてにはなりません。というのも、アクセス数を水増しするツールもあれば、ＡＩが自動的に「いいね」をしたり、無差別にフォローする有料のサービスが存在します。これらはＡｍｅｂａ

の公式サービスではありませんが、こういうツールを積極的に使うよう教えるブログ講師や起業塾は実際に存在します。アメブロで集客したいならこういうものを使わないと集客できないという情報を信じている人は少なくありません。

でもこれは、Ａｍｅｂａの規約違反です。Ａｍｅｂａはランキングの公平性と透明性を保つため、こうしたツールやサービスの利用が発覚したら、ランキングから除外されたり、アカウントの凍結（アカウントやサービスが使用できないようになること）が行われたりと、ペナルティを受けることになります。

ある起業家の女性が外部ツールを使って他の方のブログに「いいね」をつけていたところ、お子さんを亡くされた親御さんのブログにも「いいね」がついてしまったそうです。明らかに自分のブログの趣旨に関係のない起業家さんからの「いいね」に、その親御さんは心を痛めたそうです。「あなたのした行為は相手を傷つけることもある」とメッセージをもらい、深く反省し、それからは外部ツールを利用するのを止めたと聞きました。

顔の見えないブログで、特に大切にするべきは**「誠実さ」**です。ツールや有料サービスを使ってランキング上位を獲得したり、「いいね」を自動で集めても、肝心な中身が薄っぺらいものだったら、読者は「どうしてこんな内容で、こんな順位になったり、こんなにたくさんの『いいね』がつくのだろう?」と疑問に思うはずです。ツールの存在を知っている人も多いので、すぐにばれてしまうかもしれません。

見せかけや小手先のテクニックよりも本質が大事です。

近江商人の経営哲学である「三方よし」をご存じでしょうか。「商売において売り手と買い手が満足するのは当然のこと、社会に貢献できてこそよい商売といえる」。まさにそのとおりだと思います。人を傷つけたり、ズルをすると、どこかでうまくいかなくなります。

昔からいいものは売れるじゃないですか。ウェブコンテンツも同じで、いい投稿は必ずどこかで陽の目を見ます。いいものを泥臭い活動でいかに売っていくかが大事なのです。無駄な「いいねまわり」は泥臭さというより「下手な鉄砲も数撃ちゃ当たる」というような非効率的なやり方だと思います。

あなたのブログに無意味な500の「いいね」がつくよりも、「読んでよかった」「応援したい」と思ってもらって押された10の「いいね」のほうが何百倍も価値があると思いませんか。

手っ取り早く結果を出そうと焦ってツールを使うより、ひとつずつ自分らしい発信をすることで道は拓けていきます。結局、「コツコツしか勝たん」ということなのです。

「いいね」や「フォロー」に効果があるのは、本当に交流したい相手とだけです。私が親しくさせていただいているブロ友さんは、私から「いいね」「フォロー」「コメント」をした人たちばかりです。仲間を増やしたいなら、この人と仲間になりたいという人を見つけ、勇気を出して自分から誘ってみましょう。

子どもの頃、どうやって友だちをつくったか思い出してみてください。ウェブ上のお付き合いにおける人間関係の構築だって、子どもの友だちづくりと何ら変わることはないのです。

第2章

あなたの強みを発見し、発信につなげよう

Discover your strengths
and use them
for your blog posts!

1

月に5万円稼ぐ！

ひとりビジネスへの5つのステップ

超スモールビジネスにも布石が必要

まずはブログを起点に、月に5万円稼ぐことを目標にして始めましょう。

第1章でお話ししたとおり、ブログは「好き」なことでなければ続きません。あなた自身の人生の棚卸しをして、好きや得意を見つけましょう。この章では実際に何を発信し、何をビジネスにしていくか、ワークを通じて探していきます。

一般的に、5人以下の少人数で始める小規模な事業を「スモールビジネス」と呼びます。あなたのブログビジネスはひとりで始めて、ひとりで運用するので、「超スモールビジネス」と言ってもいいかもしれません。

超スモールビジネスには次の5つのステップがあります。

【ステップ1】迷いの状態
【ステップ2】コンセプトを決める
【ステップ3】コンテンツ（テーマ）を作る
【ステップ4】商品・サービスを作る
【ステップ5】集客・販売する

この本を読んでいる方の中には、**「何をやればいいのか分からない」**状態の人もいるかと思います。そういう人は「**【ステップ1】迷いの状態**」にあります。私が相談を受けている人の多くもこの状態です。なんとなくブログをやっているだけ、なんとなく発信しているだけではビジネスにはならないので、こういう人も**【ステップ1】**の状態です。

好きなことで発信するのが大前提ですが、好きだけで誰にも需要のないブログでは1円も稼ぐことはできません。それではどうすればいいのでしょうか。

私にビジネスとは何かを最初に教えてくれた女性経営者さんは、**「ビジネスの基本はお**

困りごとの解決」だと言っていました。

超スモールビジネスの真髄は、ずばり「自分発信 × お困りごとの解決」です。

コア・ストーリーを語ろう

私はこれまでブログを始めたきっかけについて、千回以上話しています。起業への道のりについてもよく話しています。**ストーリーを語ることで、相手の心の奥底まで響き、印象に残りやすいからです。**

＊なぜ、ブログを始めようと思ったのか。
＊なぜ、今のような考え方や価値観を持つようになったのか。
＊なぜ、その仕事を選んだのか。
＊なぜ、その商品・サービスを作ったのか。
＊そして、それらのきっかけは何だったのか。

これらは「コア・ストーリー」といい、自分の魅力の部分にあたります。私も好きな人のことなら、その人が歩んできた道のり、なぜ、そのビジネスに行き着いたのかというストーリーを知りたいと思います。

コア・ストーリーは読者の共感を呼び、あなたが選ばれる理由となるものです。「自分のことをもっと知ってほしい」「相手ことをもっと知りたい」というときに、コア・ストーリーがとても役に立つのです。

また、**コア・ストーリーを文章としてまとめておくと、発信やビジネスで迷ったときに見返して、原点に立ち返ることができる**というメリットもあります。

起業したての頃、私は「ブログ講師」という肩書きで呼ばれることがありました。でも、心の中では「私が教えているのは、ブログの書き方ややり方ではなく、ブログを使って自分の人生を変える方法で、『ブログ講師』とは違うのに」と、もやっとした気持ちを抱えていました。

例えば、英会話講師やヨガインストラクターのような肩書きより、その仕事を通してお客さまや世の中に伝えていきたいこと、提供したい価値観や世界観を知ってもらうほうが大事だと思いませんか。特に、コーチ、コンサルタント、セラピストのような形のないものを提供している人は、自分の軸となるメッセージを伝えていくことで独自性が色濃くなっていきます。

私がブログやビジネスを通して一貫して伝えていきたいことは、「人生は変えられる」ということ。私のように普通の主婦だった人でも、好きなことで自分の人生を変えられたのですから、その気になれば誰にだってできるはずです。だから、「思うだけでは変わらない」「行動することでしか人生は変えられない」「エイッとやってみよう！」と言い続けています。

自分の活動を通じて、将来どんなことを実現したいのかというのも、あなたのコア・ストーリーになります。

超スモールビジネスは戦略がすべて

資金が潤沢で知名度もある大企業の販売戦略と違って、超スモールビジネスはしっかり戦略を立てないと、存在していることにすら気づいてもらえません。私たちは、何もないところから始めて、お客さま候補に見つけてもらわなければならないのです。あなたを知らない人が、ブログを読むうちにあなたの活動に興味・関心を持つようになり、お客さまになってくれる——、その仕組みを作るということです。

超スモールビジネスの5つのステップに沿って戦略を立てていきましょう。

2

好きなことや強みを掘り起こそう！

本当にやりたいことは何ですか？

経験してきたことにヒントがある

「自分には誰かに売れるようなものなどない」と思い込んでいる方がたくさんいます。自分の外に商品を探そうとして、資格の勉強をしたり、講座を受けたりする人もいます。

でも、**これまでたくさんのブログ講座の受講生とセッションを重ねてきた経験から、『何もない』なんて人はひとりもいない！」と断言できます。**どの人もよく話を聞いてみれば、得意なことや、長年続けていること、特別な経験があり、魅力を隠し持っています。ただ、自分ではそのことに気づいていないのです。

価値はすでに自分の中にあります。ビジネスを始める前に、これまでの人生を掘り起こす作業をしっかりやっておきましょう。

ライフチャートを作ろう

人生の掘り起こし作業をして、あなたの価値に気づくには、ライフチャートを作るワークが有効です。ライフチャートとは、あなたの人生のいいとき・悪いときがひと目で見渡せるグラフのようなもの。あまり難しく考えず、まずは書き出すことに意識を向けながらやってみてください。

【用意するもの】 2.5×7.5センチくらいの付箋、ペン、Ａ３またはＢ４サイズの紙

【ステップ１】人生を振り返り、出来事をリストアップする

これまでの人生を振り返り、次の視点で出来事を思い出し、付箋に書き出しましょう。

> ①「楽しかった」「充実した」「自信になった」という、幸福度が高かった出来事
> ②「つまらなかった」「苦手だった」「やめたかった」という、満たされなかった出来事

付箋1枚につきひとつの出来事を書きます。例えば、幸福度が高かった出来事として「小学生時代、リレーのアンカーでごぼう抜きして1位になった」で付箋1枚、満たされなかった出来事として「第一志望の大学に落ちてしまった」で付箋1枚といった具合に、思いつくままにどんどん書き出しましょう。

ある程度出尽くしたら、次のステップへ進みます。

【ステップ2】ライフチャートを作り、付箋を貼りつけていく

A3かB4の用紙を横長に置き、74〜75ページのようなライフチャートの表を作ります。縦軸は幸福度です。0を中心として、0の上に20、40、60、80の目盛りを、0の下にマイナス20、マイナス40、マイナス60、マイナス80の目盛りを書き込みます。

横軸は年齢です。左側が子どもの頃の年齢で、右端を現在の年齢とします。

表ができたら、【ステップ1】で出来事を書き込んだ付箋を貼っていきます。幸福度の高い出来事は上のほうに、満たされなかった出来事は下のほうにと、幸福度や不満度に応じた場所に貼ります。

【ステップ3】付箋同士を線でつなぐ

すべての付箋を貼ったら、付箋と付箋の間を線でつなぎましょう。あなたの人生の幸福度を折れ線グラフで表したライフチャートのできあがりです。

【ステップ4】眺めてみる

できあがったライフチャートを眺めてみると、あなたの半生が俯瞰《ふかん》できます。幸福度の高かった出来事を見れば、得意なこと、喜びを感じることが見えてきます。逆に、満たされなかった出来事を見れば、苦手なこと、やりたくないことが見えてきます。

ライフチャートを分析しよう

ライフチャートの分析は、最初は難しいかもしれません。参考までに、私自身のライフチャート（74～75ページ）を見てください。

それぞれの出来事を詳しくお話しすると、次のようになります。

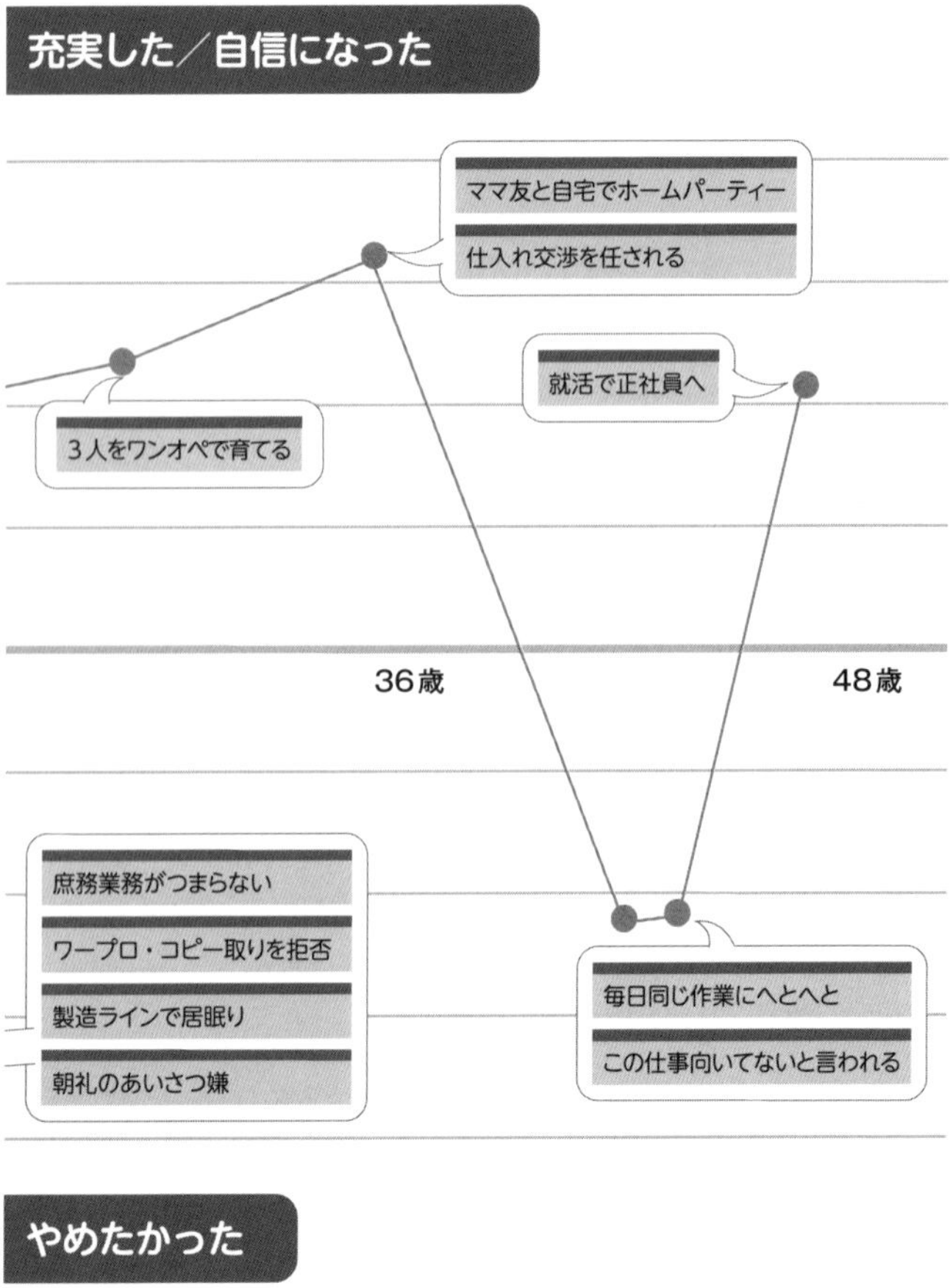

充実した／自信になった
ママ友と自宅でホームパーティー
仕入れ交渉を任される
就活で正社員へ
3人をワンオペで育てる
36歳
48歳
庶務業務がつまらない
ワープロ・コピー取りを拒否
製造ラインで居眠り
朝礼のあいさつ嫌
毎日同じ作業にへとへと
この仕事向いてないと言われる
やめたかった

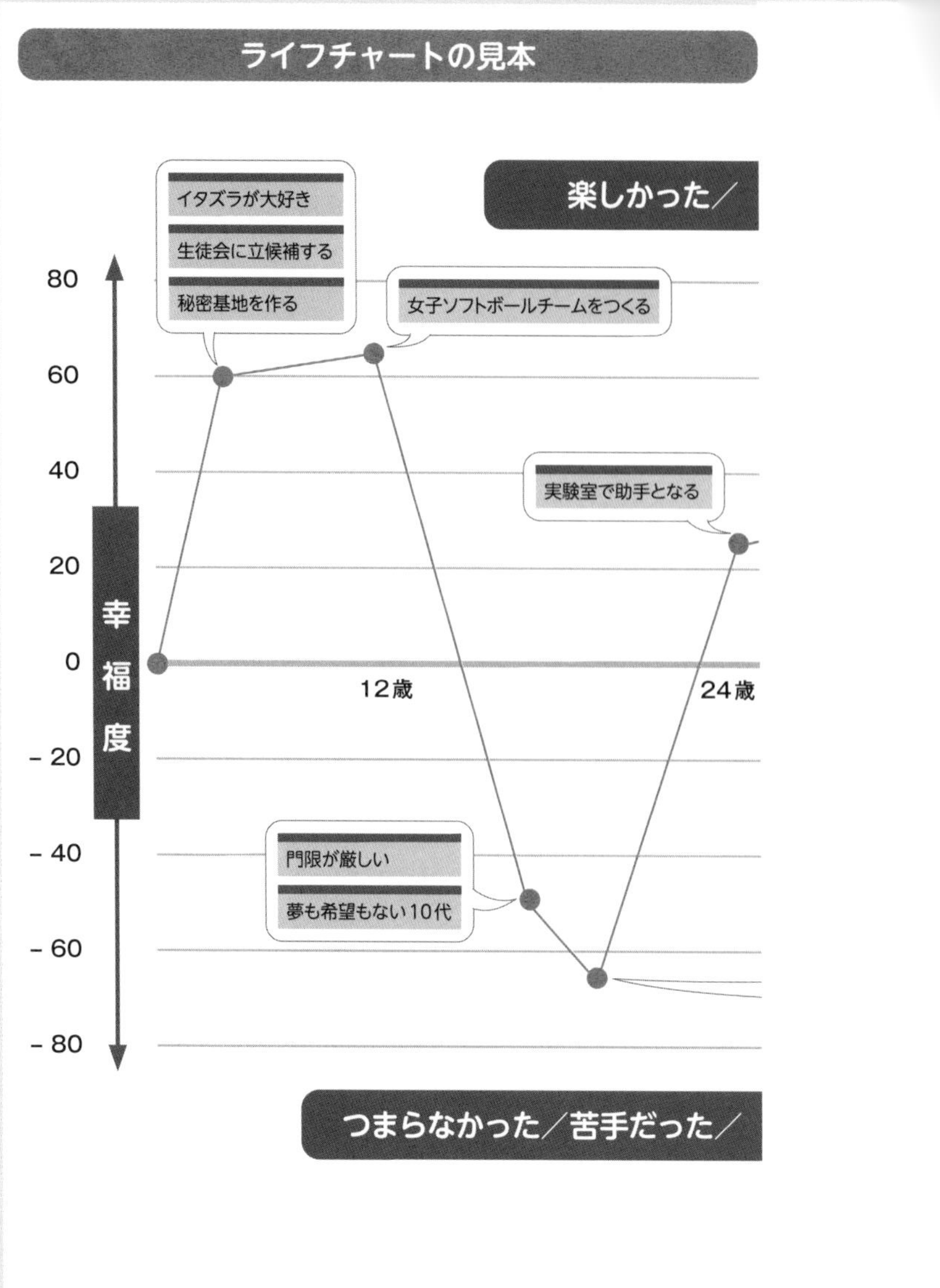
ライフチャートの見本
楽しかった／
つまらなかった／苦手だった／
幸福度
80
60
40
20
0
-20
-40
-60
-80
12歳
24歳
イタズラが大好き
生徒会に立候補する
秘密基地を作る
女子ソフトボールチームをつくる
実験室で助手となる
門限が厳しい
夢も希望もない10代

＊「おもしろそう」という理由で生徒会に立候補。落選するも全く落ち込まない。
＊男子がソフトボールの仲間に入れてくれなかったので、それならばと女子チームをつくったら学年全体でソフトボールブームに発展。
＊思春期は母から「あれダメ」「これダメ」と支配され、何もやる気が起きず、自称「無気力人間」に。
＊興味のないことをさせられると、やたらと睡魔に襲われる。
＊興味のある仕事だけ率先してやり、あとは拒否するわがままな会社員時代を送る。
＊子どもの友だちを預かって、わが家でご飯を食べさせるのが趣味。

こうして振り返ってみると、我ながらなかなかおもしろい半生だなあと思います。

ライフチャート表を基に言語化しよう

表が完成したら、さらにもう1段階進めて、「あなたという人」がどんな人なのかを言語化します。具体的な出来事だけを見て、**「この人はどんな人かな」と、できるだけ客観**

的に眺めて、ざっくりとした共通点を見つけてみましょう。間違っているかもしれない、などと考えすぎなくていいのです。

外に出たり人と関わったりすることに楽しさを感じているのか、家で黙々と何かをしているのが幸せなのか……といった**傾向も大まかに分析してみましょう。**

「○○ができない。苦手だ。やっぱり私はダメなんだ」とネガティブに捉えるのではなく、**ポジティブな視点で見るようにしましょう。**弱点の裏にはたいてい得意なことが隠れているものです。「心配性→慎重」「おしゃべり→コミュ力が高い」「落ち着きがない→アクティブ」というようにポジティブに言語化するのです。

私の場合で言えば、おもしろそうだからという理由で生徒会に立候補したり、ないならつくろうと女子ソフトボールチームをつくるなど、いいところは「好奇心旺盛」で「着想力がある」ところ。ママ友とホームパーティーを開くような「コミュ力の高い」ところもあれば、子どもの友だちまでお世話するという「お節介気質」でもあります。反対に向いていないのは、庶務業務に苦痛を感じていたことから「単純作業」や「正確性」、会社員時代を見れば「指示に従う」のも苦手なんだな、と分かります。

自分を客観視するワーク

【質問１】

過去の出来事を客観的に眺めてみて、自分の得意だったことや特徴を言語化してください。あなたはどんな人でしたか？

【質問２】

失敗やピンチ、苦しみや壁に直面したとき、どう乗り越え、どう立ち直りましたか？　また、「あの経験があったからこそ今がある」と言える出来事は何でしょうか？

【質問３】

「私ってどんな人？」と信頼のおける人に聞いた結果、あなたがまだ知らない自分が見つかりましたか？　もしそうなら、あなたはどんな人でしたか？

3

あなたってどんな人？
自分を客観視してみよう

自己肯定感を高めれば発信の質もアップする

ライフチャート表を作成・分析したら、好きなことや得意なこと、嫌いなことや苦手なことが何となくでも見えてきたはずです。

次は、人から見たあなたがどんな人なのか、調査してみましょう。自分で思っているあなたと、人から見たあなたに違いはあるでしょうか。それとも同じでしょうか。

「遠きを知りて近きを知らず」という言葉がありますが、自分のことは自分が一番理解していないことが多いようです。クライアントさんに「すごいですね」と言うと、「いえいえ、こんなことぐらい誰でもできると思います」という言葉が返ってきたりします。才能に一番気づいていないのは外ならぬ本人なのです。

私も起業する前、自分の強みがよく分からず、友人・知人・家族30人くらいに尋ねてみました。自分の輪郭がかなり鮮明になり、自分で認識している自分の強み、いいところとも一致していました。だから、進むべき方向が間違っていないと確信できたのです。

あなたも身近な人に尋ねてみてください。その時は率直に答えてくれるようお願いするといいですよ。

知らない自分に気づいてブレイクスルーしたいとたかさん

私のブログ講座の卒業生で、78ページのワークの【質問3】によりブレイクスルーされた方についてご紹介しましょう。

いとたかさんは50代。ずっとどこか満たされない思いや生きづらさを抱えて生きて来られた方でした。傍《はた》から見れば「どこに不満が?」と思うような順風満帆な人生です。有名大学を卒業後、やりたかった仕事に就いてグローバルに活躍し、経済的にも恵まれていました。40歳手前で結婚、出産。幸せの絶頂のはずなのに、初めての育児が思うようにはいかず（まぁ、たいていがそうですが……）、「私なんかがママでごめん」とつい自分を責めてしまい、すっかり自信を失ってしまいました。

そんな時、コーチングに出会って救われたと言います。「同じように苦しむママの心をラクにしたい」とお子さんが3歳になった時にコーチとして起業。育児で一度はつまずきましたが、ここまでもやはり順調に見えます。しかし、情報発信や集客のために始めたブログが、どうしても書けないのです。自分らしさが出ないと悩み、書こうという気持ちはあるのに、筆が進みません。半日くらいかかってやっと書き上げたものの、投稿ボタンを押せない……。困り果てて、私のブログ講座の門戸を叩いてくださいました。

どこに原因があるのだろうか？　いとたかさんを客観的に見ていて、また子ども時代の様子をうかがうにつけ、私の妹に似たところがあると感じました。この章では、ライフチャート（71ページ）で過去を振り返ってもらいましたが、過去の自分、特に子どもの頃のエピソードからはその人の本質が見えやすいのです。

いとたかさんは感受性が豊かで、繊細で敏感な性質を持った方です。実は私の妹がいわゆるＨＳＰ（ハイリーセンシティブパーソン）なので、「もしかして、いとたかさんもそうなのかも？」と思いました。ＨＳＰの人は生まれつき刺激に敏感な性質で、他人の感情に引きずられやすかったり、音や光などに過敏に反応してしまったりするため、疲れやすいところがあります。その一方で、感動しやすかったり、細かいことに気づいたりといった特性があり、繊細な性質で芸術性や音楽性が高いという素質を持っていたりします。

そこで、私の目からいとたかさんがどう見えるか、ＨＳＰの可能性があるのではないか、と正直にお伝えしました。他の人の目から見たその人の姿を伝えたということです。ここから、いとたかさんのＨＳＰ心理研究オタクとしての大変身が始まります。次に書かれているのは、いとたかさんの感想です。

「ＨＳＰを指摘された時は、『まさか自分がそんなはずはない』と思ったんです。とはいえ、あんさんが言うなら一度調べてみようと思いました。なんと好奇心旺盛で行動派のＨＳＳ型ＨＳＰでした。もう衝撃でした。おかげでこれまでの学びがつながり、ブログで自分を出すのが怖かった理由も分かりました。ＨＳＳ型ＨＳＰという自分の気質を知ったことが、ブログで自分を出すことへのブレイクスルーとなり、心機一転、新しいブログを起ち上げ、徐々に自分の思いを表現できるようになりました。

もともとコーチ・カウンセラーの仕事は好きだったのですが、それまではご縁のあった方を全力でサポートするという受け身な姿勢。好きだけどそこまで熱量がなくて、独身時代のようなライフワークにはもう出会えないのかとさみしく思っていました。でも、HSS型HSPであると気づいてやりたいことが見つかり、今は『私が伝えなくちゃ！』という使命感が湧き起こっています。アラフィフ後半でも人生で2度目のライフワークに出会うことができ、第二の人生を満喫中です。」

いとたかさんの場合、自己理解が深められたことで、発信テーマが明確になり、書きたいこと、書けることが合致した点が大きかったように思います。

自分を深堀りすると、つらい過去を思い出して苦しくなるという人もいます。私自身も、母との関係に悩んでいたことを思い出すと、胸が締めつけられるような気がします。抑圧されていたのは事実ですが、見方を変えればそれに耐えた精神力と忍耐力があったといえます。また、ピンチの時には必ず子ども達が応援してくれるという恵まれたリソース（資産）もありました。

このように、どこに意識を向けるかによって、見える世界はまったく違ってきます。ネガティブなこともポジティブに変えられるのです。

自分のよさを認められない罠《わな》から抜け出す

「私ってどんな人？」と尋ねた時、いいところを教えてもらったら、素直に受けとめましょう。

私たちは謙遜を美徳と教えられてきたこともあり、欠点はすぐ受け入れて落ち込むわりに、いいところは「そんなわけない」となかなか認められません。しかし、それではブログ発信もビジネスもできません。「まだ自信がないから、発信はもっと力がついてから」と考えていたら、いつその時が来るのでしょうか。

自信のない理由としてもうひとつ、周りの人と比べてしまうということがあります。少しは得意だと思っていても、あの人に比べれば全然……とたちまち自信がしぼんでしまうのです。私も起業当初は活躍している起業家さんと自分を比べて発奮していました。そうすると「自分の足りないところ」にばかり目が行くようになり、「もっと頑張らなきゃ」と永遠に追いつけない追いかけっこをしているような状態に陥りました。それでは、自己肯定感は下がる一方、自分への信頼は育ちません。

ある時、「これではダメだ」と気づき、**「ありのままの自分が最高で最強である」**と決めました。**成功は自分の欠点を見つけて改善することではなく、自分の長所を見つけて極めること**だと思うようになったのです。

そうすると、成功者と同じことをやらなきゃ、と振り回されることもなくなり、自分がやるべきことに集中できます。誰かと比べるのをやめるだけで、時間も集中力も節約できます。比べるとしたら、誰かとではなく昨日の自分。少しでも成長していたら大いに褒めましょう。**継続のコツは「自分褒め」です。**

短所も長所に変換できる

私のブログ講座の受講生に、地方在住のちえさんという方がいます。彼女は58歳の時、バランスボールのインストラクターになると決めました。インストラクターの経験があったわけでもなく、日ごろのストレスをバランスボールで解消していて、健康にもよさそうだし、バランスボールのよさを地域のマダムにも伝えていきたいと思ったのです。家族や会社に尽くしてきた半生、これからはバランスボールのインストラクターとして自分の人生を生きると一念発起し、なんと会社も退職してしまいました。

そうして、いざインストラクター養成講座を受けてみると、30代くらいの若い受講生の多いこと。若い受講生たちとの明らかな能力の差に落ち込む日々でした。客観的に見れば「そりゃそうでしょう」と思いますよね。記憶力も体力も30代とは違うし、元々スポーツをやったり、人に教えたりといった素地もないわけですから。

でも、ちえさんは、自然と涙が出てきてしまうほど焦りと不安が押し寄せたそうです。

ちえさんの話を聞いた私は、「これは彼女の強みになる」と思いました。年齢的にも体力的にも若い人に勝てない、そんな中で頑張った彼女だからこそ、シニア世代の気持ちがよく分かってあげられる、特別なインストラクターになれると思ったのです。私の講座卒業後、無事にバランスボールインストラクターとなり、少しずつ活動し始めているそうです。

こんなふうに、**周りと比べて「自分はダメだ」と思っている部分が実は強みになったりすることもあります。**特に、年齢にコンプレックスを抱いている人にとっては、逆にそれがメリットになることもあるのだと覚えておいてほしいと思います。

自分の心に素直になる

「何でもやっていい」と言われたら、あなたは何をしたいですか？

生活やお金のことを考えなければ、今すぐやめてしまいたいことは何でしょうか？


私たちが学校を卒業して就職したときは、年収、待遇、福利厚生、将来性など、世間でいう「いい会社に就職するのが成功」と言われた時代です。そのために勉強して、少しでもいい高校、いい大学に入ろうと頑張った人もいるのではないでしょうか。

そうしてやっとの思いで入った会社で、あなたらしさは十分発揮できたでしょうか。

「仕事は大変なのが当たり前。甘えたりしてはいけない」「こんな上司の下で働くなんてつらすぎる」「私が悪いわけではないけれど、上司の指摘は一応聞いておこう」。そんなふうに思ったことはないでしょうか。


会社員をしていた父は、働いていた時は痩せていて、胃潰瘍で入院したこともあります。

それが定年退職したとたん、食欲が旺盛になり、どんどん太っていきました。そんな父を見て、「よほど精神的に無理をして、家族のために働いていてくれていたんだな」と可哀そうに思ったのを覚えています。

私たちは、高度成長期の親の背中を見て育ったせいか、汗水たらして苦労するからお金をもらえるんだと刷り込まれているのではないでしょうか。

私自身、正社員になったのはいいけれど、ずっと「この仕事は向いてない」と思い続けていました。だから、起業した時には、「嫌なことは一切やらない」「これからは、やりたいことをどんどんやっていく人生にしよう」と決心したんです。おかげさまで、あちこちからオファーをいただけるようにはなったのですが、ちょっとでも嫌な気がしたら迷わずお断りしています。

超スモールビジネスでも、**心が躍るようなワクワクすることでマネタイズの可能性を探してみましょう。**それが将来、自分の生きる道になり、豊かさを運んでくれると思います。

自分の心に素直になって、次のワークに取り組んでみましょう。

やりたいこと、やっていけることを見つけるワーク

【質問1】

あなたが苦手に感じていることや、頑張っているのに上手くいかないことは何でしょうか？


【質問2】

学歴・資格・お金・家族・年齢といった、あなたの外側から見た条件を一切排除して、純粋にやってみたいことは何でしょうか？


【質問3】

あなたが自分発信で稼ぐためのリソース（経験・人脈・資格など）を、思いつくまま書き出してみましょう。

4

これこそがビジネスの肝！

コンセプトを決めよう

相手の心をグッと捉える秘訣

コンセプトとは、次の3つから成り立ちます。

【ターゲット】「誰に（ターゲット）」
【テーマ】「何で（どんなテーマで）」
【どうする】「どんな未来を見せていくのか」

私の場合、ブログを始めた動機は「シングルマザーでも楽しく生きられる」と伝えたかったから。伝えたい相手はシングルマザー。しかし、意気込んではみたものの、何でどうやっ

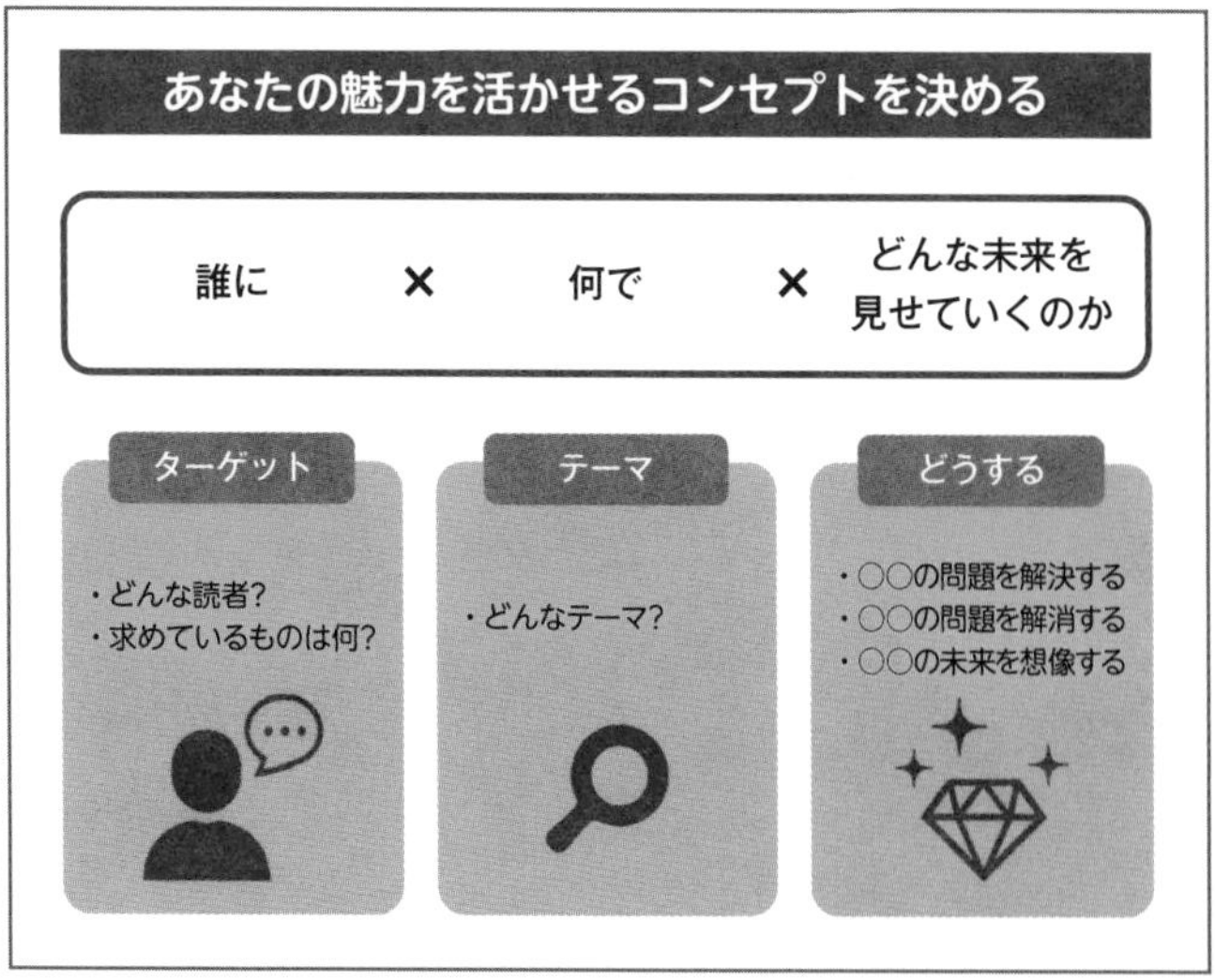
あなたの魅力を活かせるコンセプトを決める
誰に
×
何で
×
どんな未来を
見せていくのか
ターゲット
・どんな読者?
・求めているものは何?
テーマ
・どんなテーマ?
どうする
・○○の問題を解決する
・○○の問題を解消する
・○○の未来を想像する

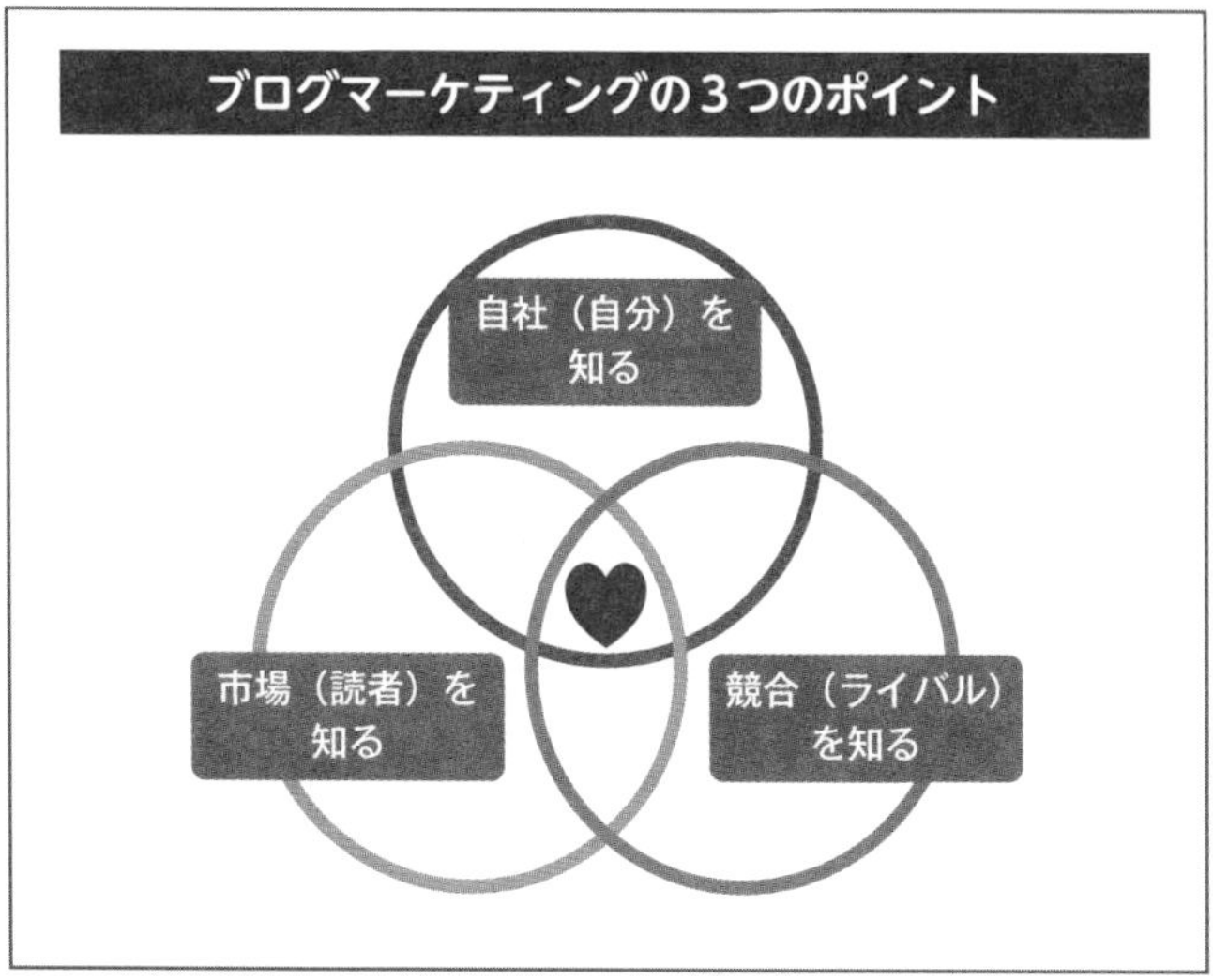
ブログマーケティングの3つのポイント
自社（自分）を
知る
市場（読者）を
知る
競合（ライバル）
を知る

て伝えればいいのかは分かりませんでした。

皆さんも、いきなりコンセプトをしっかり固めるのは難しいと思うので、ワークをしながら決めていくといいでしょう。

3つの視点を分析しよう

ブログ発信では、前ページの下の図のように「自社（自分）を知る」「市場（読者）を知る」「競合（ライバル）を知る」という3つの視点が必要です。これらが重なったところがあなたのブログ（コンセプト）になり、商品・サービスになるのです。好きなこと、かつ、自分のできることで、さらに世の中から必要とされていることを見つけていきます。でも、いくらあなたにとって素晴らしい価値ある内容であっても、多くの人が欲しくなければ発展していきません。つまり、商品・サービスは売れません。

ブログで集客するのであれば、どんなに小さなビジネスであっても、しっかりと3つの視点を分析していく必要があります。

それぞれの視点について見ていきましょう。

【自社（自分）を知る】

- ☑ 残りの人生で自分は何をしていきたいのか
- ☑ 自分の強み・経験・好きなことや魅力は何か
- ☑ ブログを書いて何を実現したいのか（将来像）
- ☑ 世の中に伝えたいことは何か

自分の現在地と目的地を明確にする必要があります。人の行動には動機づけが大事です。それがなければ目的地も分からずに走り出すようなもので、途中で「いったいどこに向かっているんだろう」と迷子になってしまいます。

ブログもビジネスも「決めること」が肝心です。まずは持っている資源（リソース）をしっかり棚卸ししましょう。

【市場（読者）を知る】

ブログ集客では読者との関係が非常に重要になってきます。これは商品が売れるプロセスと同じであり、よく恋愛にも例えられます。

①自分を知ってもらう **（認知）**
②相手にとって気になる存在になる **（興味）**
③相手をもっと深く知りたい **（確認）**
④初めてのデート **（お試し購入）**
⑤2回目のデート **（検討）**
⑥真剣にお付き合いを始める **（成約）**
⑦友人に紹介する **（シェア）**

まず、①**認知**の段階であなたの存在を読者に見つけてもらうだけではなく、どんな人から選ばれたいのかをしっかり考え、その人がどんな情報を求めているのかを推測する必要があります。つまり、たったひとりの読者を相手に情報発信する気持ちです。

「それでは読者がひとりだけになってしまう」と心配されるかもしれません。でも、大丈夫です。実際にはそのぴったりのひとりだけでなく、部分的に同じところのある人も見つけて読んでくれるようになります。そして、読んでくれた人の紹介や口コミ、シェアなどで、どんどん周りに広がっていきます。ひとりの心を動かそうとすれば、ひとり以上の心が動き、その人たちの周りにも波及していくのです。

ですから、市場のニーズや読者の欲求にピントを当てた記事にすることが大切なのです。具体的にひとりの読者（お客さま）を想像する次ページのワークで、項目に当てはめて書き出してみましょう。

【競合（ライバル）を知る】

ビジネスを始めるとなると、一から自分で考えなければいけないと思いがちです。でも、超スモールビジネスでは創造性よりも、自分の力で稼いでみることのほうが大事。まずは、上手くいっている人を真似ることからスタートするくらいの気構えで十分です。

もちろん、何から何まで真似をしては真似されたほうに迷惑でしょうが、どのようなテーマで発信しているのか、どんな内容のビジネスなのか、集客の方法は何なのか、その人のビジネスの型を参考に、まわり道することなく自分の型をとりあえず作ればいいのです。その後で自分の強みを考え、競合と差別化できるポイントを考えればいいのです。

あなたの商品・サービスのターゲットを決めるワーク

理想のお客さまの姿を想像し、シナリオ作家になったつもりで書き出してみましょう。

①名　前	
②性　別	
③年　齢	
④居住地	
⑤職　業	
⑥家族構成	
⑦年収･1か月に自由に使える金額	
⑧多少無理すれば使える金額	
⑨性　格	
⑩趣　味	
⑪得意なこと	
⑫職場・友人との人間関係	
⑬どんなライフスタイル	
⑭読んでいる雑誌	
⑮読書のジャンル・愛読書	
⑯自由に使える時間帯	
⑰出没スポット	
⑱何にお金を使っている	
⑲普段情報を収集するところ	
⑳情報収集の時間帯	
㉑その他（過去の○○歴など）	

5

読んでもらえない、届かないのは必要な情報ではないから
読者に届けるにはどうするか
読者に届くために必要な3つの要素

ここまでのワークを通して、「自分のやりたいこと」や「自分ができること」、そして世の中から求められていることが分かったと思います。ここからはいよいよ、ビジネスのコンセプトを決めていきましょう。コンセプトとは、「誰に（ターゲット）」「何で（どんなテーマで）」「どんな未来を見せていくのか（どうする）」でしたね（90ページ）。

情報を受け取る読者は、忙しい合間に自分の欲求にピッタリ合う情報を探しています。だから、伝える側も伝えたいことにピッタリくる読者と出会い、相思相愛の関係となるのがベストです。誰でもいいから読んでほしいというのでは、誰のハートもつかめません。

よく知らない1万人に知られるよりも、知ってほしい100人に知られるほうが大事な時代です。広く浅くより、狭く深く付き合っていくことに価値があります。

そんな深く付き合いたい相手を想像してみましょう。

ブログのテーマを決めよう

何を解決するブログなのかが決まれば、それを、どんな分野で、どのような切り口で伝えていくのかを示すのが「テーマ」です。

アメブロでいえば、テーマとは記事のカテゴリ分けのためにあるもので、「テーマ管理」というページがあります。テーマを設定するメリットは、次の3つが挙げられます。

①テーマを見ただけで、何が書いてあるブログなのか分かる。
②商品やサービスの募集や感想など、見せたい記事をアピールしやすい。
③読者が読みたい記事を探しやすい。

テーマ設定は、お店でいえば「ウリ」を決めるようなもの。カフェなら豆にこだわるか、手作りケーキかというように、売りになるものを決めれば、どこにどんな商品を並べたらお客さまの目につきやすいのか考えるようになります。

例えば、私がブログを書き始めた当時は、まだ子どもにお金のかかる時期でした。だからといって、子どもに不憫《ふびん》な思いをさせたくないと、暮らしにいろいろな工夫をしていたので、精神的な幸福度の高い時期でもありました。そこで、「丁寧な暮らしをすれば、足元の幸せに気づく。丁寧な暮らしで未来を変えていこう！」とブログで伝えたかったのです。でも、ブログを始めたばかりのときはテーマを設定するメリットなど知らなかったので、テーマを「ブログ」だけにしていました。しばらくして、これではそれぞれの記事の特徴が分からないことに気づいたのです。そこで投稿記事ごとに切り口をあぶり出し、いくつかのテーマを設定し、そのテーマに沿ってブログを書くようにしたのです。

ブログは、通りすがりの人にいかに興味を持って立ち止まってもらえるかが勝負です。ブログタイトルはお店でいう看板、そしてブログを読んでくれた人が、あなたに興味を持って、もっと他のページも読んでみたいと思った時に探す場所がテーマです。

お店なら商品をカテゴリに分けてレイアウトし、それぞれの売り場に商品を並べます。この流れをいかによくするかが売上げにも影響してきます。スーパーマーケットでは、顧客の目に留まりやすく手が届きやすい売り場を「ゴールデンゾーン」と呼び、そこに売りたい商品を並べます。レジ前には「ついで買い」を狙った商品を並べる販売戦略を取ります。ブログもスーパーと同じように、「どんなテーマで」「どんな順番に並べるのか」「推したいテーマはどれか」を決めて設定していきましょう。

ブログ作りはお店の運営となんら変わりありません。「ついで買い」はブログの「関連記事」のリンクと同じです。「せっかく来てくれたのだから、この記事も読んでから帰ってね」と1記事だけ読んでブログから離脱させない、ブログ内で回遊してもらう仕組みを作っておくのです。私はスーパーに行くと、何かいいものはないかとついウロウロしてしまうのですが、そういうお客さまが多いスーパーは自然と売上げも上がるもの。ブログだって、ウロウロしてくれるお客さまが多くなれば、アクセス数が伸びていきます。そのために、読む人にとって分かりやすいものになるよう、テーマを整理しておきましょう。

テーマを整理するときのポイントは次の3つです。

①「大テーマ」と「小テーマ」に分け、記事の分類をしやすくする
②上から重要（ビジネス関連）なテーマを置く
③テーマ名には検索エンジンを意識したワードを入れる

あなたはどんなテーマで発信してみたいですか。大きなテーマの中に小さなテーマをいくつか作り、具体性を持たせましょう。

ビジネスに必要なのは、自分を見る目、他者を見る目、そして客観的に見る目を持つことです。ブログ発信を続けることで、それらの3つの観点が養われていきます。なのでビジネスを始めてみたいと思ったら、真っ先にブログを始めることが大事です。そのために自分を知り、他者を知り、世の中を知ることが重要です。

ビジネスのコンセプトを決めるワーク

【ワーク１】

「誰に」「何をするのか」を考え、書き出しましょう。

誰に	何をするのか

テーマを決めるワーク

【ワーク２】

テーマを１つ考え、そのテーマの中に入る小テーマを決めましょう。

テーマ名

小テーマ名①

小テーマ名②

小テーマ名③

第3章

一歩を踏み出す
「ひと握りの人」になるためのヒント

Tips for becoming
“One-in-a-Million”
who takes the first step.

1

千里の道も一歩から

勇気を出してはじめの一歩を踏み出そう

誰でも最初からうまくはいかない

「千里の道も一歩から」ということわざがあります。どんなに大きなことも、必ず最初の一歩から始まり、一歩ずつ進んでいくしかありません。未来を信じられないと一歩を踏み出すことすらできず、スタート地点から一歩も動けない人もたくさんいます。

第2章でせっかく自己分析をしたのに、最初の一歩を踏み出すのが難しい、そう思って二の足を踏んでしまう人も多いことでしょう。

それはあなたに勇気がないのではなく、新しいことを始めるのが難しいからで、当然のことなのです。無鉄砲で怖さを知らない子どもの頃や、リカバリがきいた若い頃と違い、年を重ねれば様々な経験をしてリスクに敏感になるのは当たり前。失敗を恐れるのは、あなたがそれだけ思慮深いということにほかなりません。

この章では、そんな不安を乗り越えて、まったくゼロの状態から最初の一歩を踏み出すための心の持ちようをお伝えしていきます。

最初からうまくいく人はいない

ちょっとかじったくらいで、とんとん拍子にうまくいく人なんてほとんどいません。最初からうまくいかなくても、まったく問題なし。

私の初めて書いたブログの記事を読んでみてほしいです。本当に拙《つたな》い文章ですから……。恥ずかしいので削除しようと思ったこともあるのですが、あの記事を読んだ人が「私にだってできる」という希望になると思い、残してあります。

間違えたり、変なことを書いてしまったり、失敗したり……。その過程、試行錯誤もブログで発信してしまいましょう。「失敗したら笑われる」とか「できないことをネットでさらすなんてカッコ悪い」「こんなこともできないなんて、信頼される以前の問題なんじゃないか」などと思われるかもしれません。でも、大丈夫です！　できない自分をさらけ出し、周りから応援される人になればいいんです。

高校野球でも「負けているほうを応援したくなる」心理ってありますよね。すでに成功している人が発信する成功の秘訣も知りたいものですが、失敗しながら必死に頑張っている様子も、また人を強く惹《ひ》きつけるもの。

イケていない状況でも懸命に頑張る姿に感動を覚え、その様子を応援したくなるのが人情ってものです。**人から応援され、助けられることで、ひとりの力ではとても成し遂げられないことも上手くできるようになるのです。**

2

完璧を目指さなくていい
一歩を踏み出す「ひと握りの人」になろう
ブログ発信はゴールではなく「スタート」です

中谷彰宏氏の「したい人、10000人。始める人、100人。続ける人、1人。」（『中谷彰宏　名言集』（ダイヤモンド社発行））という言葉をご存じでしょうか。私はつくづくこの言葉のとおりだと思います。

続けられる人はとても少ない……というのはよく分かると思います。続けることの大切さやその秘訣を本書でもお伝えしていきますが、ここで注目してほしいのは、始めるだけでもすでに限られた人なのだということ。

はじめからうまくいかないのは分かっているけど、それを人に見せるのが恥ずかしい、と

いう思いが、最初の一歩を阻むのです。それを乗り越えるのに必要なのは、ほんの少しの勇気だけ。その勇気とは思い切ってありのままの自分をさらけ出すことではないでしょうか。

先ほども書いた、私の初めてのブログのことです。初めて記事を投稿したときのドキドキは今でも覚えています。

その記事のタイトルは、ずばり「お料理」。自分に何ができるか分からなかったので、ほんの少し得意な料理について記事にしてみたのです。「意味もなくちらし寿司とケーキを作りました」と書いたのですが、白状するとブログのためにわざわざ作ったネタ料理でした。しかも、「私みたいな素人の書いた文章なんて誰が読むねん」と考え、写真を多く、文章は少なく、とりあえず自分なりに恥をかかずにすむ作戦を立てました。今となっては何をそんなに気にしていたのだろうと思います。

そんなふうに見栄を張って書き始めたブログですが、仕事も家事もこなしながらブログで見栄まで張り続けることなどできず、早々に素の自分での発信に切り替えました。何より見栄を張っていても楽しくなんてありません。結局は自然体に戻ることになるのですから、最初から自然体でいるほうがいいのです。

恥をかかずにすむくらい上達してから始めようなんて思っていたら、いつまで経っても始められません。「ありのままの自分が最高で最強」なのですから、すでにあなたは完璧なのです。

とにかく書いて、「エイッ」っと最初の投稿をしてしまいましょう。うまくなくて当然、読まれなくて当然。アウトプットしながらやり方を変えていけばいいのです。

成功を阻むのは、完璧主義です。完璧を求めてしまうと、ひとつクリアしても次の何かが気になってしまい、いつまで経っても前へ進めません。そのうち疲れてしまって、フェイドアウトしていく人をこれまで何人も見てきました。

ブログ発信はゴールではなくスタートです。スタートは身軽に!

そしてさらに、ある意味残念なお知らせですが、**どんなにいい内容のブログでも、初めからたくさんの人に読んでもらえることはありません。**気軽にやりましょう。私が初めて投稿した記事なんて、アクセス数はたったの9PV。「あんなにドキドキしながら見栄を張って書いて投稿ボタンを押したのに、これだけしか読まれていないのか」と正直がっかりしたのを覚えています。今考えれば、誰に対して見栄を張っていたのか、バカらしく思えます。どうせ**最初からそんなにたくさんの人に読まれはしません。**文章を書く練習だと思えば、気楽に始められるのではないでしょうか。

3

まずは二番煎じで構わない
学ぶことは「マネ」から始まります
TTP（徹底的にパクれ）の極意

「TTP」って聞いたことがありますか？　「徹底的にパクれ」の略です。

ビジネスの初心者が知っておくべき考え――、それは先に成功している人を徹底的にパクるのがいいということ。下手に自己流でやるより、先に成功している人のテンプレートに沿って真似したほうが早く結果を得られるし、成功率も上がります。

「パクれ」とは言っても、盗作はいけません。人の著作物を断りなく使ったり、文章をコピペしたり、誰かが撮ったネット上の写真を許可なく自分のブログに使うなどはもってのほか。

TTPでやるべきことは、対象となる人や物を**「手本として」似せる**ことです。タイトルのつけ方、文章中に入れる見出しのつけ方、写真の撮り方、ネタの選び方、記事ページの構成など、自分のブログに役立ちそうなものをどんどん使っていきましょう。

ＴＴＰをするには、まずＴＴＰする対象を探す必要があります。女性、会社員、年代、シングルマザーなど、あなたと近い属性の人で、発信したい内容が近い人、こんなふうになりたいと憧れられる対象をブログやＳＮＳで探してみましょう。

私自身もブログを開設した当時は右も左も分からず、料理ネタの記事には「お料理」とタイトルをつけて投稿していました。「お料理」が3回続いたときにようやく「このままではよくない」と気づき、他のブロガーさんはどうしているんだろうかと見て回るようになったのです。そこで初めて、ちゃんとしたタイトルをつけないといけないんだと気づきました。

それから「素敵だなぁ」と思うブログの作り方や挿入画像の撮り方などを、いいなと思ったブログを見て真似るようになったのです。

ＴＴＰを続けるうちに、いつしかオリジナルの要素が生まれてきます。私がブログを始めたばかりの当時も、お料理の上手なブロガーさんはたくさんいました。ブロガーさんたちの記事からは画像で美味しそうであることは伝わってくるのですが、レシピを載せている人は少ないことに気づいたのです。そこで、作っている途中のお鍋やフライパンの様子を写真におさめ、レシピを載せるようにしました。中火といっても人によって加減が違います。作っている途中の写真を載せることで、読者さんにも「分かりやすい」と好評をいただくようになりました。

このように、TTPといっても、**ロールモデルを完全にコピーするのではなく、ちょっと視点をずらしてみることで、あなただけのオリジナリティが生まれます。**

「学ぶ」の語源は「まねぶ」であり、「真似る」ことにほかなりません。つまり、お手本の真似をしながら習得していくのです。そして、視点を少しずらすことで他との差別化を図れるようになります。それがあなたの個性となり、やがてあなたのブログがたくさんの人に読まれることにつながっていくのです。

4

ブログは相互コミュニケーション

目の前の人が喜ぶブログ記事を書こう

文章の根底には愛がある

自分の話ばかりする人、あなたはどう思いますか？　私はとても付き合いきれません！だって、自分勝手じゃないですか。

会話は「相互のコミュニケーション」ですから、一方的に相手の話を聞かされるだけではおもしろくありません。会話が上手な人は、相手の興味がある話を振ったり、相手から振られた話題を膨らませたりして、話が弾むように持っていける人なのです。

話し上手であり、聞き上手でもある人の根底には思いやりがあります。相手への敬意と愛があります。

ブログ発信も同じです。発信する側からの一方通行と思いきや、実は自分と読者のコミュニケーションの場なのです。「みなさん、こんにちは〜」という出だしのブログをよく見ます。複数の人に読んでもらうのだから「みなさん」と呼びかけるのは正しいのかもしれません。でも、実際に読んでいるのはスマホ画面を見ているたったひとりの人なのです。姿は見えないけれど、目の前にいるひとりの人を意識しましょう。目の前のその人に伝えようとして、初めて相手に伝わるコミュニケーションになるのです。

ウェブメディアに寄稿するために初めてコラムを書いたときのこと。パソコンの前に座って「コラムとはなんぞや？」とうなるばかりで、全然書き進めることができませんでした。1行書いては消し……を繰り返していくうち、気づけば5時間も経っていたのです。結局、書き上げたものは、どこかで読んだことがあるような言葉の寄せ集め。編集者さんからは「中道さんらしさがない」と図星を突かれてしまいました。そのとき、ようやく気づいたのです。自分の文章ではなく「コラムを書くこと」だけが目的になってしまっていたのだと。私がやるべきことは、コラムを書くことではなく、読者に伝えることだったのです。

「ブログを書こう」とするのではなく、何かを伝えようとしてみてください。あなたの話

を伝えたい相手はどんな人だろうと想像してみてください。

伝えたい相手がリアルに想像できれば、あとは書いていくだけです。つまり、書くことが目的ではなく、伝えるために書くのです。書くことはあくまでも手段でしかありません。大切なのは読者への愛なのです。

「どんな人に向けて書いたらいいか、なかなかリアルに思い描けない」というときは、ひとまず誰か身近な人を思い浮かべるといいでしょう。

私は、シングルマザーになってから、同じ立場の女性がどんなふうに素敵に生きているのか、それを知りたいと思っていました。インターネットで「シングルマザー」という言葉を検索して探してみると、「病気」「貧困」「将来の不安」といったネガティブな記事ばかりがヒットします。そういうネガティブ思考のシングルマザーに、もっと明るく前向きに生きていけることを伝えたかったのです。でも、私の周りにはシングルマザーはおらず、うまくイメージできない時期がありました。

あるとき、ふと思い立ちました。私の母も「超」が付くようなネガティブ思考の持ち主で、暗い顔をしていることが多かったのですが、そんな母に「私の話を聞けば絶対前向きになれるよ」と伝えてあげたかった。

そうして母に向けて書いてみたら、おもしろいほどスラスラと言葉が出てくるようになったのです。ブログにはたくさんのシングルマザーから熱いメッセージが届くようになりました。

あなたが伝えたいことと、読者の知りたいことは違うかもしれません。それでは「一方通行の発信になってしまうのでは？」と思うかもしれませんが、**まずは自分が想定した相手に、伝えたいことが十分に伝わることを目指してみましょう。**相手の欲求は、発信した次の段階で分かるようになればいいのです。

5

ブログ初心者向け「ネタ探し」の極意

ブログのネタはどうやって探す？

Q&Aサイトや AIのチャットサービスを活用しよう

書くことがそれほどなく、すぐにネタ切れになってしまうことが怖い方もいるでしょう。実際、家と職場を往復するだけの毎日の中で、そうそうおもしろい出来事に遭遇するなんてことはありません。そのうち「ネタがない！」という壁にぶち当たり、書くことよりネタを探す時間がどんどん増え、ネタ探しが苦痛になってきます。

この項ではブログ初心者におすすめのネタ探しについてお話ししましょう。

ある日、息子に「ネタがないからブログ書かれへん」と愚痴を言いました。すると息子から「あんさん、いったいどこを見てんねん。自分の周り360度をくるっと見渡してみ！　ネタはナンボでも落ちとる」という驚くべき言葉。頭を殴られたような衝撃を受ける私。それとともに、あることを思い出しました。

仕事柄よくインタビューを受けるのですが、会話が弾み、自分でも思いがけない答えが飛び出すことがあります。そういうときは決まってインタビュアーさんの質問が上手で、私からうまく言葉を引き出してくれているのです。私に関心を持っていて、より多くの情報を収集しようとするからこそ、いい質問が生まれるのでしょう。私に必要なのは、このインタビュアーさんが持っている取材スキルのようなものだと思いました。

自分で自分を取材するつもりで、当たり前の日常も客観的な目でじっくり見渡してみると、「なぜ、その時間に起きるのですか?」「毎日それをするのはどうしてですか?」「今、どんなことを考えていますか?」といった質問が次々と生まれてきます。そう考えると、確かに「ネタはナンボでも落ちとる」のです。

日常的に取材者アンテナを立てて過ごしていると、どんどんネタが見つかるようになります。一度この状態になってしまえばこっちのもの。今度はネタを取りこぼさないように注意する必要が出てきます。アメブロのトップブロガーさんの中にはネタ帳を持ち歩いて書き留める癖をつけている人もいます。私も「おや？」と思ったらその場で立ち止まり、スマホのメモ帳に入力します。そうしておかないと、後から思い出そうとしても、「なんだったっけ？」と1ミリも思い出せないからです。

インターネットでネタを探そう

ネタが次々見つかるようになるには、ある程度の時間がかかると思います。それまでの間は、簡単にネタを探す場所として、まずはヤフー知恵袋（Yahoo!知恵袋）などのQ＆Aサイトを見てみてはいかがでしょうか。Q＆Aサイトに集まっている質問や悩みなどから、あなたが書きたいテーマに関係あるものを見つけ、それを解決するブログを書いてみるという方法です。Q＆Aサイトはお客さまのニーズを拾うのにとても便利です。

また、AI（人工知能）を使う方法もあります。インターネットで「AI　質問」などと検索して、出てきたサービスを選び、質問を投げかけることで人工知能が答えやアイディアを返してくれます。私が使用しているのはチャットGPTのサービス。例えば「定年前の不安を具体的に教えて下さい」と質問すると、経済的な不安や健康の不安など、様々な答えが返ってきます。質問の切り口を変えればまた別のアイディアを出してくれるので、とても便利です。ただ、頭を使わない分、取材者としてのスキルは上がりません。ブログは自分にしか書けないことを書くからおもしろいので、ＡＩの答えは参考程度に留めておきましょう。

ＡＩは文章を書くのも上手ですが、自分の代わりにブログ記事を書いてもらうのはやめておきましょう。ＡＩはあなたらしさまで認知していないので、どこにでもあるような文章になり、結局、読まれないブログになってしまいます。

6

書くことを自分に許そう

自分がおもしろいことにフォーカスしよう

「正しさ」よりも大事なこと

「書くこと」のハードルが高いと思っている人は少なくありません。「文章も下手だし、こんな私が書いちゃっていいんでしょうか？」などとよく言われます。

結論から言うと、「下手でもいいから、とにかく書いてみよう！」です。

私も初めの頃は「素人の書いた文章は読まれない」と決めてかかっていましたし、だからこそ少しでもよく見せようと、「キレイな言葉を使ったほうがいい」「正しいことを書かないといけない」などと考え、勝手にプレッシャーを感じていました。でも、**飾ろうとすればするほど書くことが「作業」になってしまい、気持ちが乗らなくなるのです。**

ブログは、小説のように豊かな表現を求められているわけではありません。文章のルールもそれほど気にしなくていいのです。読者は**唯一無二の存在である、あなたの考えを知りたいのです。**

率直にお伝えしましょう。取引の場などでは、腹を割って話すことで相手の共感や信頼を得やすくなると思いませんか。ビジネスは信頼関係の構築により始まるもの。ブログだって同じです。

きれいに整えられてはいるけれど、なぜか頭に入ってこない、気持ちが動かない文章はあります。読んだ後に何も残らないから、次も読んでみたいと思えないのです。

整っていなくても、思いの丈をぶつけた文章のほうが読み手はグッときます。「この人は本音で書いているんだろうな」と分かるからです。本音で話す人は信頼されます。発信を重ねるごとに信用の貯金を増やし、「この人が言うのなら」と信頼してもらえるようになっていくのです。

全員を納得させるなんて無理

「信用が第一」と言うと、今度はそれがプレッシャーになって臆病になってしまう人もいます。真面目な人ほど発信に責任を感じてしまうのです。そもそも自分の考えは合っているかどうかの答え合わせで忙しくなります。

もちろん、嘘や間違ったことを伝えるのはいけないので、事実確認ができるものはきちんと裏を取る必要があります。しかし、どんな答えを選んでも間違いではないものにまで必要以上に考えを巡らせてしまっていては大変です。

「目玉焼きにはしょうゆ派」なら堂々とそう主張すればよく、「ケチャップ派」や「塩・コショウ派」に遠慮する必要はありません。全員を納得させようとすると何も書けなくなってしまいます。**伝える相手はあなたに魅力を感じていて、あなたの意見が必要なのです。**もちろん「あなたが目玉焼きに何をかけるかなんて興味ないよ」という人も無視していいのです。嘘や大げさな表現はいけませんが、自分がおもしろいと思ったことや発見したことにフォーカスし、「ねぇねぇ、聞いて！」という思いで書いていきましょう。

7

「分からない」で止まらない
聞く前に調べるクセをつけよう

自分のビジネスは自分で回す

分からないことがあるたびに、行動が止まっていませんか？　ブログを始めようとしたけれど、分からないことがあって早速つまずいてしまった。周りに聞ける人もいないし、もうギブアップ。そんなこと、ありませんよね？

そんなあなたは、今まで困ったことがあれば人に頼って解決してきたり、迷ったら人に決断を委ねてきたりしたのではないでしょうか？

ドキッとした方、大丈夫です。あなただけではありません。アナログ世代にはそういう傾向があると私は思っています。人生のうち、インターネットを使っていなかった年月が長いのですから、スマホで調べる習慣は簡単には身に付きません。

かくいう私も、目的地までの道案内は地図アプリで調べるより通りすがりの人に聞きたいタイプです。ひとり旅をしていて、地方の駅で乗る電車が分からなかったので親切そうな若い女性に尋ねたら、おもむろにバッグからスマホを取り出して検索してくれたのです。それを見たとき、**「自分でもやろうと思えばできることを、人の時間を奪って解決しようとしている」**とハッとしました。

自分で稼ぐと決めたなら、自分で解決しなければならない問題が多く立ちふさがります。少額を稼ぐための副業だとしても、あなたのビジネスはあなた自身が主体的に携わっていかなければなりません。スマホで調べたら分かるようなことを他の人に聞くような依存するマインドは、この機会に捨てましょう。「分からない」のではなく、あなたはまだ「知らない」だけなのですから。

IT系はどんどん触って自分のものにしよう

ブログはもちろん、ウェブ上のサービスは「バージョンアップ」して、仕様が変わるのが当たり前です。「昨日までここにあったボタンが、今日はない！」というようなことが頻繁に起こります。

だからこそ、混乱しないように普段から自分で触って親しむクセをつけましょう。決まった機能ばかり使わないで、マニュアルに頼らず、自分から積極的に操作をしてみましょう。ブログサービスのページにあるあらゆるボタンを押して、どんな機能があるのかを確認してみましょう。きっと新しい発見がたくさんあるはずです。それもブログを運営する楽しさのひとつです。

「習うより慣れろ」という言葉があります。人に教えてもらうよりも実際にやって、練習を重ねていくほうが効果は上がるということわざです。まずは「このボタンはなんだろう？」と興味を持って押してみましょう。

8

「自信がない」という気持ちを手放そう

ありのままの自分が最高で最強!

あなたの発信することには価値がある

私は48歳のときに夫と別居したのですが、当時はそのことを周りの誰にも言えずにいました。同じような人がいないだろうかと散々インターネットで検索しましたが、欲しい情報には出会えませんでした。だからこそ、自分自身が発信者になろうと思ったのです。

人知れず悩みの答えを探している人は多いはずです。それも、法律家や夫婦関係のカウンセラーといった専門家の意見ではなく、自分と同じような経験をした人がどうしてきたのかを知りたいのです。**色々あったけれど「抜け出してきた」というものがひとつでもあれば、あなたは誰かの先生になれるのです。**

乗り越えてきたことは人に教えられる

私には夫とのことだけでなく、母との関係にも悩んできた経験がありました。母との関係は難題続きで、10代から50歳まで私の人生に暗い影を落としていました。「恥ずかしくって人には言えない」と、長年ずっと誰にも話してきませんでした。それがある日、感情が爆発し、その思いを吐露し、ブログに投稿する気になったのです。親のことを否定的に書くなんて誰も読まないと思っていたら、コメント欄は共感の嵐でびっくり。しかも、「ありがとう」という言葉をたくさん受け取りました。世界でたったひとりの不幸な子どもだと思っていたのに、同じような思いを抱えたまま大人になった人がこんなにいたなんて驚くとともに、自分だけではないのだと気づけたことでとても救われました。

親子関係・夫婦関係・職場の人間関係などは複雑で、教科書どおりにはいかないものです。だからこそ解決した経験に説得力があります。人に打ち明けられない、誰に相談していいのか分からない悩みこそ、発信することに意味があり、多くの人を救う可能性があります。そして、自分自身も救われたりするのです。

ブログ講座の受講生に、体重が70キロから48キロになるまでダイエットした方がいます。スレンダーな姿を見てどうやって痩せたのだろうと興味津々。一方で、人生で一度も太ったことがなく、ずっと40キロ台をキープしているスレンダーな人もいます。どちらが体重管理で優秀かといえば、太ったことがない後者のはず。でも、人が教えてもらいたいのは、体重管理ができないダメダメさんが痩せた方法なんです。

大それたものでなくてもいい

人の悩みを理解し解決の方法まで導けるのは、悩みを解決した人のほうです。つまり**「何かを乗り越えた人」はその方法を教える資格を持っているということ**です。

それは、大それたものでなくていいのです。特にゼロの段階のビジネスを1に上げるには、売れるものを見つけ、商品を作ることが先決です。

＊ウェブ苦手さんのＳＮＳの始め方
＊はじめてのメルカリ
＊汚部屋からの脱出作戦
＊借金〇〇万円を返した節約術
＊ポイ活で毎月１万円稼ぐ方法
＊ひとり旅の始め方

こんな出来事なら、身のまわりにいくらでも転がっていそうではありませんか？
自分には何も取柄がないというのは、「とらえ方」の違いです。特にあなたの人生に影を落としていたことこそが、ブログに書くテーマとしては金の卵なのです。

私の講座の卒業生には、ご自身が苦しんだ更年期の不調を改善したことから、「ヨガ×血流」で更年期の巡りを改善する専門家として活動している人がいます。本人がつらい思いをしてきたからこそ、同じ悩みを抱える人への理解も深く、興味深い記事を書いていけます。

まずは、すでに解決した悩みをテーマにして発信していく、もしくは解決の過程をテーマとして発信し、自分はそのテーマの専門家であり、このテーマについて語る資格があるという認知を広げていきましょう。

等身大の自分を認めよう

ここまで何度もお伝えしていますが、「自信がない」という状態から一歩を踏み出すにはやっぱりこれしかありません。それは、**「ありのままの自分が最高で最強！」と思い込むことです。**

私も講師業を始める前は、「人に教えるにはすごくないといけない」と思っていました。「教える」ビジネスを始めるには、まず「『スゴイ！』と思われる人」でないと聞いてもらえないと考えたからです。ブログでは頭角を現しているかもしれないけれど、そんなの大したことではない。何の取柄もない主婦だと思っていました。

そこで、講師業に必要なマナーから学んで、外側から固めていこうとしました。今となっては笑い話なのですが、そのときは、自分の足りないものをまず及第点に乗せないと、周りに認めてもらえないと思ったからです。

というのも、私は根っからの大阪人。大阪弁以外話せませんし、言葉づかいも悪いと自覚しています。標準語で話そうとすると、まるで英語を話しているかのように頭の回転が落ちてしまうほどなのです。だから、言葉にコンプレックスを感じていたんです。「あんさんの大阪弁が好き」とか「ズバッと言ってくれるのが響く」などと言っていただけることもありました。それでも、コンプレックスから抜け出せず、プロから「話し方」を指導してもらったのですが、自分でもびっくりするほど話せないのです。そして、練習すればするほど自分ではなくなっていく気がして、これはやっぱり間違った方向に進んでいると気づいたのです。

それで、世間から見た特別な人になるのではなく、**「ありのままの自分が最高で最強！」**と思い込むことにしました。すると、伝えたいことを言いたいように言えたり、書いたりできるようになり、反響の数も増えていきました。

どんな世界でも、上には上がいます。だから、権威性がないと伝える資格がないと思いがちですが、そんなことはありません。「私はこの方法でこんな問題を解決しました。知りたい人はいますか？　よかったらお教えしますよ」というマインドで発信してください。ゼロから1を作る段階のビジネスでは、あなたを魅力だと思うたったひとりの人と出会うことから始めればいいのですから。

強みがまだ見つからないならチャレンジ記事がおすすめ

何で稼いだらいいのかまったく分からない。ビジネスの種すら見つからないという人は、「チャレンジ記事」を積み上げていきましょう。売るものがなければ、売るものを作ればいいのです。目標を設定して、それに向けて実際に行動し、成果を出していきましょう。そのときに、何を感じ、どんな新しい発見があり、何が分かったのか、毎日ブログに記録していけばいいのです。

すでにお伝えしたように、あまりにも今の自分とかけ離れているものでは大変なので、すぐにチャレンジできる自分にとって身近なテーマを選ぶのがおすすめです。

簡単なところでいけば、ダイエットです。チャレンジする人は多いけれど、成功したと言えるレベルにまではなかなかいかないのがダイエット。だからこそやる価値があると思います。

人の悩みの三大要素は、「健康」「お金」「人間関係」です。これらのことなら、人はお金を払ってでも解決したいと思うのです。

この三大要素のそれぞれについて、いくつか小さなテーマを挙げれば次のようになるでしょうか。

＊**健康がテーマ**――ダイエット・美容・ヨガ・ピラティスなど
＊**お金がテーマ**――節約・貯蓄・ポイ活・投資・実家の処分など
＊**人間関係がテーマ**――親子関係・職場の人間関係・離婚・介護など

くれぐれもご自身に興味があり、やっていてワクワクするものを選んでください。

その成長の記録こそが、読者に夢や希望を与え勇気づけるものになります。きっとあなたの挑戦を応援してくれる読者が増えていくはず。そうすれば、やっていることそのものを楽しめるようになりますし、成功への執着も生まれてくるでしょう。

そして、成果が出たら「あなただからできたのよ」と言われてしまわないよう、マニュアルを作成しましょう。そうすれば、今度はそれがテキストになります。あなたがやった成功法に再現性があれば、立派な商品の完成です。

第4章

10年ブログを続けるマインドを養い、習慣化しよう

Develop the mindset
to keep going for 10 years
and make it a habit.

1

続けるために時間をつくる

ブログ執筆のために一日2時間を捻出しよう

継続は最強の能力

ブログは続けることが大事だとお伝えしてきました。「継続力」は最強の能力だと思っています。

私は「ブログで頭角を現す者はビジネスも成功する」と言っています。どちらも必要なのは継続力だからです。厳しいことを言うようですが、ブログすら続かないようでは、ビジネスで成功するのは難しいと思います。始めてすぐに結果を出せるようなひと握りの才能ある人でなくても、継続は武器になります。いやむしろ、継続できれば、才能のある人に勝てることすらあるのです。

続ければ自動的に勝てる

私がブログを始めたときも、素敵なブロガーさんが大勢いました。ブログランキングの上位はいつもだいたい決まった面々。ランキングの底辺をさまよっていた当時の私は、彼らと肩を並べるなんて夢のまた夢、無理ゲー（クリアするのが困難なゲーム）としか思えませんでした。ところが、そんなことはなく、実はヌルゲー（簡単ですぐクリアできるゲーム）だったんです。だって、みんなやめていってしまうんです。だいたい3か月から半年くらいで卒業宣言をしたり、更新が止まってしまったりするのです。

自分より優秀な人がどんどん抜けていくのですから、**続けているだけで勝ち残れるわけです。楽勝じゃないですか。**

10年間、毎日休まずブログを書き続けてきたと話すと、「あんさんは元々、継続力がある人なのでしょうね」と思われるかもしれませんが、それは違います。高校生の頃は学校を休みがち、部活は途中で退部、バイトは気分で休む……。継続とは真逆の世界に身を置いていました。人の資質はそんなに変わりません。

私が継続できたのは、好きなことで発信したこと、そして、**努力を継続させるために「具体的な何か」を変えてきた**ことが大きいと思います。その結果、ブログを歯磨きレベルの習慣にまで落とし込むことができたからです。

一日2時間確保が成功のカギ

率直に言います。ブログビジネスで成功したいなら、**一日2時間程度のブログ時間を作っていただきたい**です。

あなたは今とても忙しく、余分なことをする時間など、とても持てないかもしれません。

しかしながら、**「時間ができてからやる」ではいつまで経ってもできません。**

私がブログを始めたばかりの頃は、母のお世話、娘のお弁当作り、家事全般を担いながら週5日の勤務と、家でも外でも忙しい日々を送っていました。それでも何とか一日2時間を捻出しました。

ブログを始める前の私の朝のルーティーンはこんな感じです。

朝5時半に起きて娘と自分のお弁当を作る。朝食の準備をしながら夕飯の下ごしらえまでしておく。朝食をとったらコーヒータイム。その後、簡単に掃除をして洗濯物を干し、最後にメイクをして家を出る――。

とてもブログを書く時間など、ないように思いませんか？

私はこの朝のルーティーンを可視化して見直し、無駄を取り除くことにしました。その結果、コーヒータイムにパソコンの前に座り、ブログを書き上げて、出勤前に投稿することにしたのです。

もちろん、いきなりパソコンの前に座り、ゼロから書き上げることはできません。あらゆる隙間時間にブログの下準備の作業をねじ込んだのです。

下準備はこんなふうに仕組み化しました。

＊会社のお昼休み・休憩時間は、スマホでブログを下書きする。
＊入浴時間に湯船に浸かりながらアイディアを練る。（これはおすすめです。ひらめきは無の状態のときに起こります。）
＊夕食の後片付けがすんだら、書けるところまでブログを書いておく。

こうして、朝には清書するだけの状態にまでしておいたのです。

コーヒータイムにパソコン前に座り、清書して投稿できたら、「今日もやった！　できた！」と喜んで会社に行くという毎日でした。

これらの時間をトータルすると、だいたい2時間になります。


さらに言えば、常に「ネタになりそうなことはないか」とアンテナを立てていました。ブログのネタになるようなお店に行ったり、気になる情報は調べておいたりというように、普段の行動にも気を配りました。

ブログ執筆に使う時間は2時間といえども、実際は**生活の中心に常にブログがある生活に切り替えた**とも言えるでしょう。

継続によりビジネスに役立つ力が身に付く

継続することでブログの内容が充実することはもちろんのこと、他にも副産物のようにいくつもの能力が身に付きます。

まず、ブログを毎日書き続けているうちに、自然とライティングスキルが磨かれます。加えて、人を飽きさせないような表現力やエンタメ性も身に付きます。

最初はロールモデルをTTP（徹底的にパクる）するのが精いっぱいだったとしても、いい意味でこなれてきて、だんだんと独自性が出てきます。つまり、ブログにはあなたにしかない味のようなものが現れてくるのです。

他にも、タイムマネジメント力や集中力など、身に付くスキルを挙げていったらキリがありません。そうそう、飽きっぽかった私自身も、今なら自信を持って「継続力がありまます」と言えるくらいに継続力が付きました。

ブログのために捻出する2時間は、あなたの未来を変える2時間です。ぜひ一日の時間の使い方を見直してみましょう。一日の中で、やらなくてもいいことに費やしている時間はどんな人でもそれなりにあるはずです。

2

「時間がない」という悩みを解決！

ブログを習慣にする時間術

なんとなくやっていることを整理しよう

本来、人の意志の力は弱いもの。落ち込む日もあれば、疲れている日もあります。「毎日やる」と固く誓っても、3か月も経てば失速していくのは誰にでもあること。やる気やテンションに振り回されていては、継続することは困難です。

そこで、**ブログを歯磨きレベルの習慣にまで落とし込むことが重要です。**どれだけ忙しくても、歯磨きをしない人はいないでしょう。それくらい、やって当然、やらなければ気持ちが悪い状態になれば、もう勝ったも同然です。

「月に5万円を何としても稼ぎたい」「豊かになりたい！」とやる気になったとしても、現時点でそれほど困っていなければ、長続きはしません。だからこそ、意図して時間を作ると決めて、未来のために自分との約束を守るしかありません。

人生は使った時間でできている

仕事・家事・育児・介護をひとりで背負っていた私がブログのために時間を捻出するには、「目的がないことには時間を費やさない」と決めるしかありませんでした。

文才もなく天才でもない私がこうして本を執筆するまでになれたのは、「伝えること」をライフワークにすると決めて行動してきたからです。それはすぐには叶わない大きな目標でしたが、自分らしい人生をつくるうえでとても重要なことでした。優先順位を決めた結果、「今」があると思っています。

今のあなたの人生は、これまで使ってきた時間でつくられています。 ここからの人生をちょっと変えたいと思っているのであれば、まず時間の使い方から変えることです。

私は、起業したいと思ったときに、一番はじめに時間の使い方を改善しました。「使える時間なんてない」と思っていても、意外と無駄な時間があることが分かります。

次のチェック項目は、**「緊急でも重要でもないこと」**の一例です。あなたがやってしまっていることはありますか？　見直せることはありますか？

- ☑ 省力化できる家事にも手を抜かずに時間をかけている。
- ☑ 子どもが自分ひとりでできることでも、つい世話を焼いてしまう。
- ☑ 起きてすぐにテレビをつける。またはスマホを見る。
- ☑ 通勤電車はスマホで暇つぶし。
- ☑ 行きたくない飲み会に参加する。
- ☑ 周りの人がするから、なんとなく自分も残業している。
- ☑ 友人とあまり意味のないＬＩＮＥのやりとり。
- ☑ 夜は動画配信サービスを観て、気づけば寝る時間。
- ☑ 目的もなくネットサーフィンする。
- ☑ 寝る前にＳＮＳをチェックして目が冴えてしまう。

娯楽やリラックスの時間は大事ですが、楽しいわけでもなければ、くつろげるわけでもないことを「なんとなく」やっていることも多いもの。

一日はなぜ24時間しかないのだろう、30時間くらいあれば、ブログを書く時間もあるのに――と思っている人は要注意です。時間をやりくりしなければ、一日が何時間であっても時間を作ることはできないのです。

「それをやる理由」をはっきりさせよう

中谷彰宏氏の言葉（107ページ）によれば、何かを成し遂げる確率は、それを始めた人のたった1％に過ぎません。これまで10年間ブログを続けてみて、この数字はあながち間違っていないと思います。モチベーションは「始めよう！」と決めたときが最高で、その後、徐々に下がっていくのが自然です。維持するのは本当に難しいのです。だから私は、ブログのメッセージボードにやる意味と理由を書いておき、目につくようにしていました。

大事なことは**継続の先にあるメリットを再確認することです。**

ところで、あなたが「ブログで月に5万円を稼ぎたい理由」は何ですか？

「えっ、今さらそれを聞く？」と思うかもしれませんが、一度自分の内側の深いところまで潜って考えてみてください。

「欲しかった服を買う」「貯金してキッチンをリフォームする」といった具体的な使い道から、「老後の経済的な不安を解消して安心して過ごせるようになる」「孫に気軽にお小遣いをあげられるおばあちゃんになる」という、5万円を稼いだ先のメリットをイメージしてみましょう。

この「5万円を稼ぐ目的」は、心が折れそうになったときに支えてくれます。「今日はブログ書きたくないな」というときは、「どうしてブログを書くことにしたんだっけ……。あっ、そうだ！」と思い出し、モチベーションを上げてください。ブログを書くという目的でなく、その先の理想の未来が、きっとあなたを奮い立たせてくれるはずです。

一日2時間のブログ執筆時間をつくりだすワーク

ルーティーンの行動を書き込んで、ムダな時間を洗い出しましょう。

① 必要のない行動をしている時間はありませんか。
② 習慣にしている行動に、ブログを書く時間をくっつけてみましょう。
③ ブログを書くための自分ルールを作りましょう。

午前		午後
	0	
	1	
	2	
	3	
	4	
	5	
	6	
	7	
	8	
	9	
	10	
	11	
	12	

自分ルール

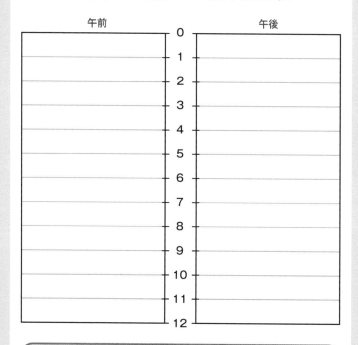

3

写真を撮って気分をあげよう

ブログの写真は読者も自分も楽しくなる

ネタを考える前にカメラ起動

あなたの気分をあげ、ブログを投稿するモチベーションを高め、読者にも喜ばれるもの、それが写真です。

記事やテーマについて、文章だけで伝えるよりも、写真が入っていれば視覚的に分かりやすくなりますし、楽しく読者に伝えることができます。書いてあることに何の関係もない画像を入れるのではなく、関連する画像を入れるのが効果的です。文字だらけのブログより、画像が入っていれば、ぐんと読んでもらえるブログになるはずです。

画像を入れるメリットは他にもあり、次のようなことが期待できます。

①記事トップに画像を表示すると、読む前に記事内容をイメージしやすくなる。
②言葉だけでは伝わりにくいことを代わりに画像が伝えてくれるので理解度が上がる。
③読者の読み疲れを防止できる。
④ブログに個性が出るのでブランディングしやすい。
⑤読者の印象に残りやすく、ブログを覚えてもらいやすくなる。

まずは写真を撮り、そして記事を書く、という流れが発信を楽しむコツでもあります。

「今日はブログを書きたくないけど、せっかくいい写真が撮れたから、この写真を見てもらうためにもやっぱり書くかあ」と下がり気味だったブログ投稿へのモチベーションも回復させてくれます。

掲載する写真の選び方

ブログに写真を掲載するといっても、どんなものでもいいわけではありません。画像を掲載する際には、次のことに注意しましょう。

①フリー素材や自分で撮った写真を使う（自分で撮った写真がベター）。
②記事内容と合った画像を入れる。
③他者に著作権が帰属するものは使わない。
④どうしても使いたい他者の画像があった場合は掲載許可を取る。
⑤適正なサイズを使う（３ＭＢ以下）。

基本的に、**他人が撮った写真や描いたイラストは、勝手に自分のブログに載せてはいけない**と覚えておきましょう。そうした画像をブログに載せるには使用料が必要となる場合もあります。

一方、「フリー素材」といって無料で使用でき、掲載許可やクレジットの明記が必要ないものもあります。フリー素材はウェブ上にたくさんありますが、ブログに掲載する前に利用規約をよく読み、掲載しても問題がないことを確認しましょう。

ただ、私は自分で撮影したオリジナルの写真を使うことをおすすめしています。そのほうが「自分らしさ」が出ますし、ブログに熱量を感じるからです。フリー素材はプロが制作したものなので、見映えはいいのですが、どこか冷めた感じがしますよね。

普段スマホで写真を撮る習慣がない人は、素材を集めるつもりで日常を撮っていきましょう。カフェやレストラン、お出かけ、散歩など、「美味しそう」「楽しい」「おもしろい」などの感情が湧き上がったら、すぐにスマホでシャッターを切ることです。

ネタを考えて画像を探すのではなく、スマホにある画像からネタを考えるのも楽しいものです。

顔出しに抵抗がなければ、また、人に見られても問題がなければ、自分の写真をブログに載せるのもおすすめです。自撮りや、家族に撮ってもらった写真をブログに載せてみましょう。

私たち世代はカメラを向けられると記念撮影みたいにかしこまってしまいがちです。私も初めのうちは恥ずかしくて表情が強ばっていましたが、だんだん慣れてきて、そのうち自然なポーズが取れるようになりました。以前、ブログ講座の受講者さんと一緒におしゃれな街でプロフィール撮影会をしたら大変盛り上がったことがあります。写真を撮る行為そのものを楽しんでしまうのも、ブログを続ける秘訣だと思います。

ネタを考えるというより、ワクワクすることを「やる」

「毎日休まずブログを書く」というと苦行のように感じてしまうかもしれません。でも、何度もお伝えしてきたように、ブログは楽しくなければ続きません。あなた自身がワクワクしながら発信することがとても大切です。

頭でネタを考えるというより、楽しいと感じる、心が躍ることを「やる」を発信の基本にしましょう。まずは自分がワクワクすることをやってみて、その内容と結果について記事に書くのです。あなたのワクワクを読者にもシェアするつもりで発信していきましょう。

「今話題の○○にチャレンジしてみた」「○○をお取り寄せして食べてみた」というようにそのこと自体が楽しいものでもいいですし、「ウェブデザインを学んでデザイナーを目指す」「メルカリで不用品を売って、稼いだお金で旅行する」「月3万円節約して、投資を始め、資産を増やす」のように、結果にワクワクするものでもいいのです。

体験した人にしか書けない記事にしよう

インターネットで検索して情報を寄せ集めるだけでも記事は書くことができますが、今の時代、そんな記事はあふれていますよね。そんな時代だからこそ、自分自身で見たり、実践したり、体験したりした人の書いたものはとても貴重です。

実際に体験したことを発信するときは、

＊なぜそれをしようと思ったのか
＊やってみたらどんな発見があったのか

をぜひ書いてください。このふたつは、**体験したあなたにしか知り得ない情報です。**

そうはいっても、ありきたりのことしか書けない、私が書きたいことなんて数えきれないほどたくさんの人が発信しているし……。そんなふうに考えてしまう人もいるかもしれません。でも、そんなことを気にする必要などありません。

ダイエットを例に説明してみましょう。ダイエットといっても、その方法は何通りもありますよね。そもそも摂取カロリーよりも消費カロリーが多ければ痩せるということは、誰もが知っている事実です。運動量を増やし、食事量を抑えればいいと頭で分かっていても、できないのが人の心理です。だから実際にダイエットに成功した人に、「どうやって痩せたの？」と聞きたくなるわけです。

＊同じような悩みを持つ人なら共感する。
＊「これなら自分にもできそう！」と期待できる。
＊お役立ち情報なので、記事を保存して読み返したくなる。
＊実際に真似してやってみたくなる。

こんなふうに、人の心理や行動に影響を与える記事を書ければ自然に人は集まってきます。

あなたの発信に魅力に感じる人だけに伝わればＯＫ。臆せずに、ワクワクする体験を発信しましょう。

4

自分の思いを素直に書こう

書き上げたときのスッキリ感を大切に

モヤッとするのは書き足りていない証拠

私が文章を書く上で大事にしていることは、書いた後の「スッキリ感」です。書き終えたときのスッキリ感は病みつきになり、再び文章を書くモチベーションにもなります。

スッキリ感を味わうには、「言いたいことを正直に書く」、これに尽きます。「全部言い切った！」というときは、爽快感に包まれたドヤ顔の自分がいます。

自分の意見に自信が持てなかったり、こんなことを言って嫌われたらどうしよう、ネガティブなコメントが付いたら困る……などといった考えが浮かんで、書きたいことをセーブしてしまうこともあるでしょう。もちろん、差別発言や誹謗《ひぼう》・中傷はいけませんが、「嫌われたくない」「馬鹿にされたくない」という自己保身がブレーキをかけていることもあるはずです。嫌われることや恥をかくことを恐れすぎると、当たり障りのないことしか書けなくなってしまいます。でも、読者が読みたいのはそんな言葉ではありません。**読者が知りたいのは、ずばり、書いている人の「本音の言葉」なのです。**

当たり障りのない文章など、誰の心にも刺さりません。刺さらないどころか、読まれても記憶に残らないし、読んでみてつまらないからと、途中でページを閉じられてしまう可能性だってあるでしょう。

ブログはあくまでも自分なりの「メディア」です。自分がいいと思ったことを書く場所ですから、他人からどう思われようと関係ないのです。笑われても、間違えても、問題なし！　ブログ発信は「正しさ」を売る場所ではなく、「あなたの自己表現が売りもの」だからです。**あなたが書いた文章を嫌う人は離れていくかもしれませんが、あなたを好きでいてくれる読者が残ります。**少しくらい間違っていても、世間と違っていても、個性だと割り切ればいいのです。

それに、ブログは「投稿」ボタンを押さない限り、自分以外に読まれることはありません。まずは思い浮かんだことをそのまま文字にするつもりで下書きしていきましょう。**書き終えたら「本音が全部言えた！」とスッキリするはずです。その感覚を大事にしてください。**

本音を書くことによって、次ページのような循環が起こります。私がブログを続けてこられたのも、この循環を経て、自分の存在を認められるようになれたからです。

もし、言いたいことを書ききれていなかったら、本音のところで「消化不良」を起こしていき、モヤモヤした気持ちが積み上げられていたはずです。**書くという行為は、自分が満たされないと続きません。**

ひとりビジネスは常にチャレンジし続けないといけないので、自己肯定感が低かったり、自信がないままでは何もできません。だから、「私ならできる！」という感覚が大事です。「どうせ私が言っても……」と思うのと、「こんな私が言えることは」と思うのでは、発信力が変わってきます。

そして、いつも本音を書いていることで信頼してもらえるようになり、読者との信頼関係の構築につながるのです。

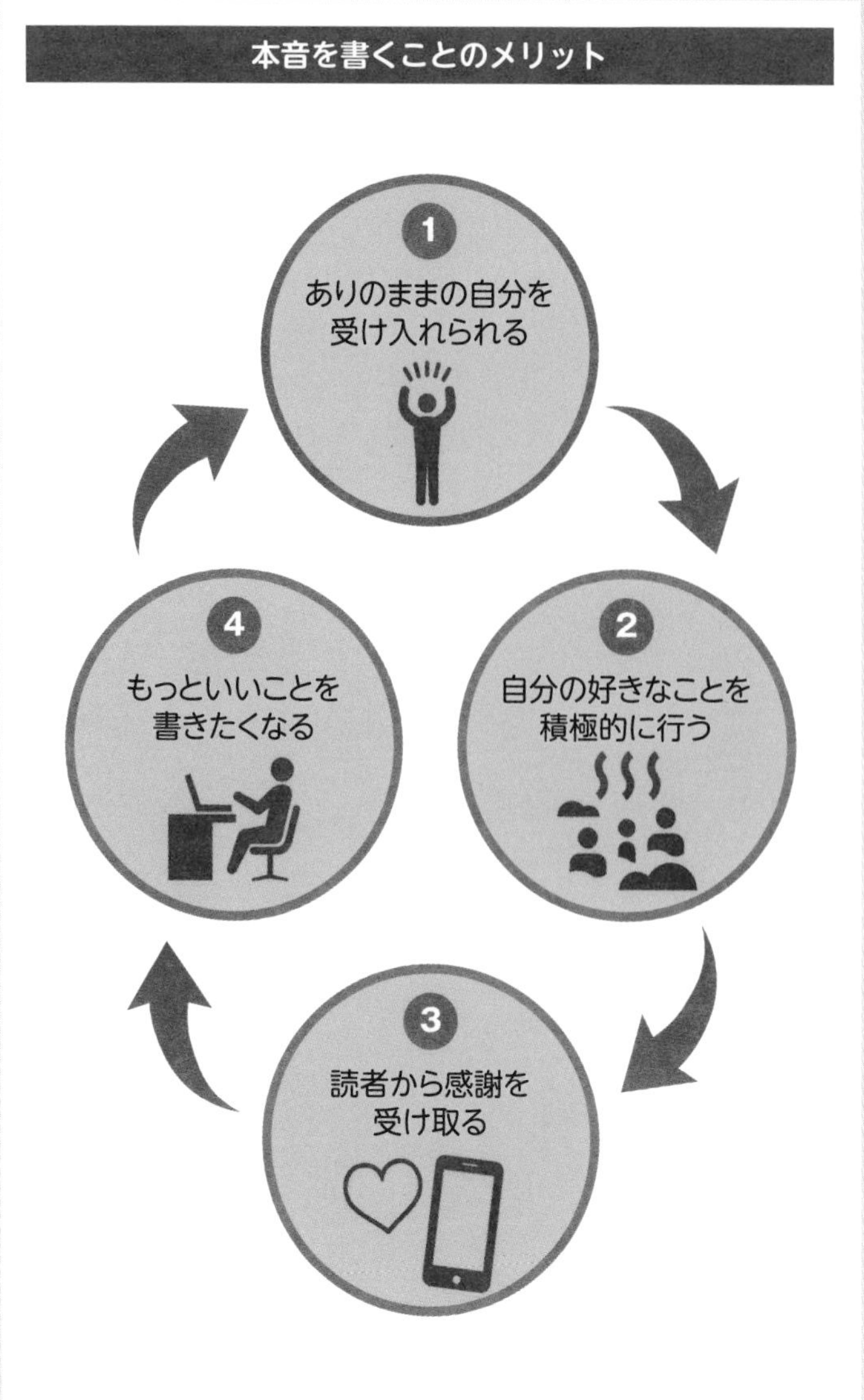
本音を書くことのメリット
1
ありのままの自分を受け入れられる
2
自分の好きなことを積極的に行う
3
読者から感謝を受け取る
4
もっといいことを書きたくなる

5

ネガティブコメントが付いた、フォロワーが減った……

ネガティブモードに陥らない思考と行動

ブログを書き上げたら、その度に自分を褒めてあげよう

自分の心に正直に発信していると、そのうち必ずと言っていいほどネガティブ（アンチともいう）なコメントが付くもの。さすがに落ち込むな、とは言えませんが、ネガティブコメントが届くのは一人前の証でもあるので、どうか前向きにとらえてもらいたいと思います。自分の書いた文章が人の心を動かした、影響を与えていると喜んでください。

ネガティブコメントが付いたらブロガーとして一人前

よく考えてみてください。忙しい現代人がその貴重な時間の一部を使ってコメントして

くるなんて、よほど言いたかったとしか思えません。あなたに対する嫉妬心からかもしれないし、匿名だからこそ本音をぶつけるチャンスとばかりに書き込んでいるのかもしれません。

ただ、間違いなく言えることは、感情が動かなければ、コメントする気にもなれないはずです。ネガティブコメントに落ち込む前に、「やった！　人の心を動かせた！　私もブロガーとして一人前になったんだ！」と自分を褒めてあげましょう。

あなたのブログはあなたのメディアですから、「あなたが嫌い」という人はもちろん読んでもらわなくてもいいでしょう。でも、コメントの内容が「あなたの考え方は私とは違うわ」というものなら、それは批判だとはとらえず、学びのチャンスだと思えばいいのです。

コメント欄を読んでいると、本当に人の価値観は色々なのだと気づかされます。当然のようですが、自分の常識が世間の常識ではないと思い知らされます。「なんだと！　私のほうが正しいのに！」と自分の正しさに固執してしまうと苦しくなりますし、せっかくの視野を広げるチャンスも失ってしまいます。他の人の意見を尊重できる心の広さと柔軟な思考が、たくさんの気づきをもたらし、ビジネスパーソンとしてもひとりの人間としても成長させてくれるのです。

気分を整えてからブログに向き合おう

「夜に書いた手紙を出してはいけない」と聞いたことがありませんか？　一日の終わりである夜は、日中に起きた様々な出来事で気持ちが落ち着かず、ざわついた状態です。疲れてもいますし、昼間より感情的になっているので、ネガティブなメッセージや余計なひと言を書いてしまう恐れがあります。だから、夜に書いた手紙はもう一度、朝になって読み返してから出すのがいいのでしょう。

ブログにも同じことが言えます。夜に書いたブログを翌朝読み返すと、なんだかセンチメンタルで「何でこんなことを書いたんだろう？」と恥ずかしくなったりします。

ブログを書くのはクリエイティブな作業ですから、やる気にあふれているポジティブな朝に取りかかるのがおすすめです。一日のうちで仕事がはかどる最初のピークは8〜10時だとされています。スッキリと目覚めた朝は、なんだかやる気に満ちてポジティブな状態のはず。家事や適度な運動で身体を動かすと、作業効率はさらに上がります。

私の場合、朝起きたらまず顔を洗い、夏以外はメイクをします。「さぁ、今日も一日頑張るぞ！」というスイッチがメイクアップなのです。そして、朝の光を浴びながら犬の散歩に出かけます。健康にいいのはもちろんのこと、いいアイディアが浮かんだり、思いもよらぬ発想がひらめいたりしたことは一度や二度ではありません。私のゴールデンタイムは朝の9～11時に定着しました。

知識やスキルがあっても疲れていてはパフォーマンスが上がりません。心身の調子を整えるのも、ブログ執筆のための大事な作業です。

「自分褒め」は継続の重要な秘訣

ブログを書きあげたら、最後に一番大切なことをしましょう。それは「自分を褒める」こと！　投稿ボタンを押したら、すかさず褒めましょう。

「今日も投稿できたなんてスゴイ！」

「こんなに忙しいのにヤレタ！」
「私ってやればできるんだ！」
そんなふうに声に出して褒めてもいいですし、私は自分に拍手を送るようにしているのですが、これもおすすめです。「自分褒め」は継続のために大事なことなので、軽んじることなく必ずやってくださいね。

私は夫に経済的に依存していた時期が15年くらいあります。当時を振りかえってみると、「夫がいなければ自分には何もできない。社会に通用しない」と思い込んでいました。それが、経済的な自立をきっかけに夫がいなくてもできることが増えていったのです。とはいえ、それを褒めてくれるような相手はどこにもいません。そこで、何かひとつ達成できたら「パチパチパチ」と「拍手」を自分に贈るようにしたのです。まるで幼い子どもが初めて何かをできたときに褒めるかのようにです。「拍手」には自分の存在や価値を認め、「丸ごとOK！」という想いを、単に言葉で褒めるよりもダイレクトに伝える効果があります。

書くという作業に満点はありません。「いいものが書けた！」と思っても時間が経って読み返してみると、恥ずかしくなるような「駄作」に思えることもあります。だから「いいものが書けたとき」だけ褒めるのでは、褒める機会などなくなってしまいます。

ですから、**「内容」ではなく投稿したという「行動」そのものを褒めてください。**投稿で毎日自分のことを認める。**これがあなたの中に「自分は決めたことをできる人だ！」という自信を植えつけ、最終的に途中で投げ出さない自分に変われるのです。**

フォロワーや「いいね」の数が減っても気にしない

第1章（56ページ）で「いいねまわり」や「フォロ活」はしなくていいとお伝えしました。そもそもフォロワーや「いいね」の数なんて気にしなくていいのですが、目に入ればやっぱり気になるもの。「ちょっとフォロワーさんが増えたと思って喜んでいたのに、すぐにフォローを外す人がいる。どうして？」とがっかりすることもあるかもしれません。

でも、フォロワーの数や読者の反応にいちいち振り回されていたら、疲れて発信する気力がなくなってしまいます。くれぐれも一喜一憂しないようにしましょう。

そもそも、起業家の中には、狙いを定めたターゲット層に対し、自動ツールを使って

「いいね」や「フォロー」を行う人がいます。そういう意味では、純粋な読者以外に数字を操作されてしまうようなものなのですから、それらの数字を気にしたところで意味がないのです。

数字を稼ぐよりも、読者との深いつながりを築くためにも、「いいね」や「フォロー」については、次のように考えるようにしましょう。

- ☑どんな属性を持った人が「いいね」してくれているかを確認する。
- ☑フォロー外しは自分の記事を必要としない人が去っただけのこと。1ミリも気にする必要なし。
- ☑投稿ごとに「いいね」をくれる人との関係性を大事にしよう。
- ☑自分の発信内容に一貫性を持たせると「いいね」を押してもらいやすくなる。
- ☑テーマに沿ったコンテンツを積み上げていくことで、フォローしてもらいやすくなる。

大事なことは、「何を」伝えれば読者が「読みたい」と思ってくれるのか、そして「どうすれば」もっと「読みたいメディアになるのか」を考え、改善を重ねていくことなのです。

数字に一喜一憂する時間があるなら、「ブログの改善」を考えることにあてましょう。

人には、誰かの役に立ちたい、認められたいという欲求があります。だから「いいね」やフォロワー数に囚われたりするのです。

「いいね」数が気になりだしたら、なぜ「いいね」が欲しいのか、客観的に考えてみましょう。誰かに認めてもらわなくても、自分で自分を認めてあげられる人になりましょう。

第5章

ブログのファンを増やす

ワンランク上のテクニック

Increase your readers with the one-rank-above technique!

1

文章のコツを身に付けて記事の質を上げよう

読者を飽きさせないためにどう工夫していくか

読まれる文章を書くためのヒント

この章では、ブログをステップアップさせるための情報をお伝えしていきます。まずは、ブログ記事のクオリティを上げる手法についてです。伝えたいことをためらわずに書けるようになったら、次はもっと読者に喜んでもらえる文章を書けるようになりたいですよね。

ブログのようにウェブページで読まれることを想定した文章の場合、読む人にスマホでサクサクといくつもの記事を横断されることを想定する必要があります。それを意識した上で、できるだけ多くの人に読んでもらえるよう、読み続けてもらえるような工夫をしていきましょう。

ひとつの記事にひとつのテーマが鉄則

「あれもこれも伝えたい」「これを知ったらあれも知っておいたほうがいい」とひとつの記事に情報をてんこ盛りしてしまうのは「ブログ初心者あるある」です。これをしてしまうと、何を伝えたかったのか、書いた本人も読者も分からなくなってしまいます。

まず、その記事で読者に**「一番伝えたいことは何なのか」をはっきりさせます。そして、ひとつの記事で伝えるのはひとつのテーマに絞りましょう。**

記事作成は、料理の段取りに似ています。できあがるまでのステップは次のとおりです。

①メニューを決める**（何を伝えたいかを決める）**
②材料を揃える**（①をどのように伝えるか具体的な内容を考える）**
③作業の段取りを考える**（どういう流れがベストかを考える）**
④具材を調理する**（具体例を入れながら実際に記事を書く）**
⑤味付けして仕上げる**（最後に結論を書いて完成させる）**

料理を作るときに、メニューを決めずに取りかかり、作りながら考えるという人はあまりいないはずです。同じ材料を使うにしても、カレーにするのか、シチューにするのか、はたまた肉じゃがにするのかは、最初に決めておかないと、段取りもできません。

付け加えたい内容が出てきたら、新たに別の記事に書くようにしましょう。別の記事を書いたときに、先に書いた記事を「関連記事」としてリンクを張ることで、記事同士を関連付けることができます（203ページ）。

そうすると読者はふたつの記事を読んでくれる可能性が増え、長くブログに滞在してくれることが期待できます。

自分の中に「書き手」と「読み手」、両方の役割を持つ

これまで何冊か本を出版したり寄稿したりする中で、出版社の編集者さん数名とお付き合いしました。自分では渾身《こんしん》の文章だと思っていても「ここの表現は誤解を招くかもしれ

ない」とか「ちょっとくどいかなぁ」といった指摘をいただいて修正することもよくあります。ちょっとショックですが、自分では気づかなかったことを指摘されることで、文章には必ず客観的な視点が必要なのだなという学びになりました。

自分の中に「書き手」だけではなく、「読み手」の存在を持つこと。これが読まれる文章を書く秘訣です。

書き手と読み手、私はこんなふうに使い分けています。

第4章（158ページ）でもお伝えしましたが、まずは自分の言いたいことを思うがまま書きます。このときは制約をかけるとなかなか筆が進まないので、のびのびと素直に、自分の心に従って書いていきます。書き終えたら、そこで書き手の役割は終わりです。

次に、読み手の役割を登場させます。編集者になったつもりで、「どこかおかしいところはないか」「伝わってこない部分はないか」など、読み返して指摘していきます。

読み手の立場になるのに一番いい方法は「音読」です。目で見た文章を声に出すことで、耳から音として文章が入ってくるので、客観的にとらえやすくなるのです。

その際、次の視点で文章を観察します。読み手になりきって「ダメ出し」をしていくのです。

☑読みにくい箇所があるのは「言い回しが悪いからかな？」
☑リズム感が悪いと感じるのは「同じ言葉を重ねているからかな？」
☑場面を想像できないのは「説明が足りていないからかな？」
☑途中で飽きてくるのは「だらだらと書いてあるからかな？」
☑なんだか堅苦しいのは「難しい言葉を使いすぎているからかな？」

書くときは、思いきり好きなように書き、読むときは少し意地悪になって粗《あら》を探す。このように、「書く人」と「読む人」の役割を交互に繰り返すことでライティングスキルは自然に上がっていきます。

継続によりビジネスに役立つ力が身に付く

ウェブ記事はじっくり読まれる紙の本や雑誌と違い、小さなスマホの画面で、短い隙間時間に読まれることの多いもの。そのことを想定して書く必要があります。

少しでも読みにくさがあればページを閉じられてしまう（「離脱」といいます）ので、離脱されないためにちょっとした工夫が必要なのです。

離脱されがちなのは、次のような特徴がある記事です。投稿する前に一度チェックしてみましょう。

- ☑ 1文が「読点（、）」でつながれていて長い。
- ☑ 漢字とひらがなのバランスが悪い。
- ☑ 難しい熟語が多い。
- ☑ 段落替えを示す空白の行が狭い。あるいはない。
- ☑ 適切な箇所で改行されていない。
- ☑ 1文が5行以上続いている。
- ☑ 箇条書きにしたほうがいいところまで普通の文にしてしまっている。

ブログの場合、画面に文字ばかりがぎゅっと詰まっていると、圧迫感を感じてしまい、読みづらいです。まとまった文章と文章の間は2、3行空けましょう。

私が気をつけているのは、できるだけ読点（、）で文章をつなげないようにすること。読点が多い文章は、読んでいるときのリズムが損なわれ、だれてきます。読点を削除しても問題がないようなら減らしていきましょう。読点を入れていた箇所で改行するのもおすすめです。**ブログは適度に改行したほうが見やすいので、3行くらいで1文にします。**

どうしても読点が続くようであれば、文を分けて、1文を短くします。そのほうがすいすいと頭に入ってくるものです。

頭をよく見せようとしているのか格好つけなのか、専門用語や難読な漢字を使う人もいますが、これもやめましょう。ブログを読んでいる途中で「私は勘案して返事をした」という表現が出てきたら「うん？」となりますよね。そこで読者の思考は一旦ストップしてしまいます。「私はよく考えて返事をした」と書いておけば一瞬で理解でき、次の文章に進めます。

文章は相手に伝えるものであり、あなたの知識をひけらかすものではありません。**普段**

づかいの言葉を使うよう心がけましょう。そして、中学生でも読めるようなやさしい単語を使っていきましょう。誰かに理解してもらいたいと思うのなら、難しいことを優しく伝えるよう意識するのが大事です。

「結果→理由→結論」が文章の基本形

プレゼンテーションや話芸などの導入で、聴衆を惹きつける話のことを「つかみ」と言ったりしますが、ブログの場合はつかみはいりません。**いきなり本題から入りましょう。**だらだらと関係のない雑談から始まったら、読者はイライラして離脱してしまいます。

「今日は暑いですね」とか「雨ですね」と始める人がいますが、ブログが読まれるタイミングは今日だけではないのでそういうのもいりません。真冬や晴天の日にブログを開いたら、それだけでしらけてしまいます。

そもそも、情報ツールとしてのブログの読者が知りたいのは、「結論とその中身」なのです。困っていることを解決したい、記事タイトルを見て興味を持ったからページを開いた、そういう読者の要望に応えましょう。

ブログにつかみがあるとすれば、それは「結論」です。まず結論から伝えて、その先も読み進めるかどうかは読者にゆだねます。実はそれが最後まで読んでもらえて、滞在時間がアップするコツでもあります。

作文を書くとき、「起承転結」を意識すると分かりやすいと習ったと思います。でもブログを読む人は「起承転」はさておき、時間がないから「結論」を先に知りたいのです。

「結果」は、物事や行動から起きた具体的な結末。
「結論」は、事象や理由などから導き出した自分の考えや判断。

結論はややもすると抽象的になってしまうので、私は「結果→理由（事象）→結論」を基本形にしています。こうしておけば、読者は不要な情報を入れずにいきなり本題から頭に入れることができるのです。

まず、ある物事・行為から生じた状態、具体的な事柄を書いて、「今から○○について書くよ！」と宣言して、次に続けます。そして、結果に対する理由や事象を例えやエピソードなどで肉づけしながら書いていきます。

最後に、自分の考えをまとめて、文章にオチをつけます。大阪人の私が「オチ」というと「おもしろくしなきゃ」と思われてしまうのですが、「人を笑わせる」という意味ではなく、話をしっかり「終わらせる」という意味です。

この基本形に沿って書くとひとつの記事につきひとつのテーマになり、筋が通った分かりやすい文章になります。

ファンを増やしたいなら共感を入り口にする

ブログのつかみは「結論」とお話ししましたが、もうひとつ有効なつかみがあります。それは、「共感を引き出すひと言」です。

「共感」はブログに必要不可欠なコミュニケーションの要素です。誰かと話していて、共通の話題が出ると会話が盛り上がった経験はあなたにもあるでしょう。職場の同僚となら上司の悪口、昔馴染みなら当時の懐かしい話題など……。ブログも、初めて読みにきてくれた人が共感できるようなことが書いてあると、「あっ、この人は自分の感覚と似ている」

「まるで、私のために言ってくれているよう」と親近感を持ってもらえます。
読者に共感してもらうには、次のような文で始めてみるのが有効です。

①「〜と思ったことはありませんか?」**(問いかける)**
②「実は過去に○○な大失敗をして大変でした」**(経験を語る)**
③「あなたは今こんな状態じゃありませんか?」**(読者を代弁する)**
④「本当は△△なんです」**(ズバリ悩みや不安をカミングアウトする)**

タイトルは足を止めてもらうための1秒の勝負!

私を知ってくださる人の多くが、アメブロを見ていたら「たまたま記事が目に留まったので」とおっしゃいます。何となくスマホ画面をスクロールしていて「おや?」と思って指が止まる。驚くべきことに、人はわずか1秒もない瞬間に、タイトルで読むかどうかを判断するのです。

ブログは「タイトルが勝負」と言ってもいいくらいです。いくら中身がよくてもタイトルに惹きつけられなければ、ページを開いてもらえることすらないのです。読者を増やすためには、通りすがりの人にブログを開いてもらわなければならないので、そのきっかけとしてタイトルは重要です。

アメブロのアプリにあるトレンドページに「Ａｍｅｂａトピックス」（以下、「アメトピ」といいます）と呼ばれるスタッフが選んだ記事一覧コーナーがあります（205ページ）。アメトピに取り上げられるときは、ブログ投稿者がつけたタイトルからさらに引きのあるタイトルに書き換えられて掲載されています。

そのタイトルの特徴は「文字数」です。**タイトルは短く簡潔で、パッと見てすぐ分かるようにするのが基本です。**長すぎると画面に最後まで表示されず、全容が分かりません。タイトル付けのコツは、一瞬で理解でき、その続きを読みたくなるものにすること。文章のまとめをひと言でタイトルに表そうと考えず、ユーザーがピンとくる具体性のある言葉や文を選びましょう。

次ページに私のブログでアクセス数や反応のよかった記事のタイトルを挙げておきます。

◆お役立ち情報だと分かる記事

＊１泊２日入院で親知らずの抜歯体験談

＊50代のリフォームの落とし穴、失敗しやすいこと

◆権威性を強調する

＊不動産営業マンが教える買ってはいけない物件

＊１日でアクセスが94.3万PVになった理由

◆答えを知りたくなる動機のワード

＊思わずびっくりした配当金、でも…

＊役所で「生きていくのって大変！」と吠えた理由

◆得したい・損したくない振れ幅が大きいもの

＊一目惚れしたダイソーの豆皿

＊買って損はない！リピ決定の和牛

◆人間関係から引き起こされる感情

＊私が母を嫌いだと公言する理由

＊ママ友と「私の話」で付き合いたい

あんさんのブログで注目された記事のタイトル

◆世間で注目が高い事柄やワードを入れる

＊厚切りジェイソンおススメの米国ETFのVTIの始め方

＊50代からの夫婦独立採算制をどう思う

◆旬のネタで興味を呼ぶ

＊草抜きをシルバー人材センターにお願いした結果

＊ひゃー値上げラッシュの対抗策

◆説得力のある数字を強調する

＊１か月半で無理なく３kg減量達成の秘訣

＊総額32万円豪華旅を60％オフのSPGアメックス会員

◆恐怖心を煽る

＊慎重派がPayPayデビューで後悔

＊閉経後の薄毛の悩み、お湯シャン育毛で驚きの結果

◆お金を絡ませる

＊年金プラス10万円！配当金の中身

＊親の通帳をATM記帳して驚いた

2

もっと読者との距離を縮めるには

ブログを活性化させよう

活性化したブログは読者に親近感と信頼をもたらす

第1章（56ページ）で、「いいねまわり」や「フォロ活」に時間を割く必要はなく、その時間は記事を書くのにあてるのがいいとお伝えしました。しかし、ある程度ブログを書くことに慣れてきたら、ブログを読んでもらうための活動（認知活動）を行うのもいいと思います。

他のブロガーさんと交流してブログを盛り上げよう

おすすめの認知活動は、自分と同じようなブログを書いている方に、自分のブログにも訪れてもらうというものです。同じジャンルのブログを書いている方なら、こちらのブログにも興味を持ってもらえる可能性が高いからです。そのためには、ターゲットとなるブログにコメントを残すようにします。

では、どんなブログをターゲットにすればいいのでしょうか。結論からいうと、「あなたが『いいな』と思える」ブログで、さらに「コメント欄が盛り上がっている」もの。この2つの視点で探してみましょう。

私もブログを始めたばかりの頃、「お料理ブログ」のランキングを見て、アイコンのセンスがグッとくる人のところに訪問していました。好みが一致するというのは、仲よくなれるポイントのひとつだと思ったからです。ただ、お料理のジャンルに登録しているブログは数千もあったので、全部から探すのは時間がかかりすぎます。そこで、**「コメント」や「いいね」をもらったら喜ぶ層をターゲットにしました。**

人気のブロガーさんは、そもそもコメント欄を閉じていたり、「いいね」の数も大して気にしていなかったりするので、あまり意味がありません。かといって、あまり読まれていないブログでは交流も生まれません。**ある程度ファンがいて「いいね」の数が100以下、コメントが3、4人ついているブログに絞ります。**ジャンル内ランキングの50位前後です。そのあたりのブロガーさんなら、ブログの投稿が習慣化しており、ある程度読者もついています。そして、もっと自分のブログが読まれるようになってほしいと思っているはずですから、反応が気になるのです。

また、コメント欄が盛り上がっているブログには、熱量が高く、マメな人が集まっているため、コメントを返してもらえたり、こちらのブログも読んでもらえたりする可能性が高くなります。

いつも同じ読者さんたちがコメントしているところに「はじめまして」と書き込むのは少し勇気がいります。まるで公園デビューのような気持ちです。活発な交流の中に入っていけば、必ず「あなた誰?」とファンの人たちは思うはずです。ひとつコメントを書き込むだけで、主宰者やそのブログのファンたちに注目してもらえます。

私の経験ですが、繰り返しコメントを入れているうちに、コメントに返信してもらえるようになったり、フォローしてもらえたりしました。**自分が「いいな」と思うブログを同**

じように「いいな」と思って集まってきた人たちですから、価値観が似ていたり、何かしらの共通点があったりします。ですから、自分の活動やブログにも興味を持ってもらいやすいのでしょう。

そのうち、他の方のブログのコメント欄で交流していた人たちが、私のブログにもコメントしてくださるようになり、ブログが活性化しました。そこからどんどん人が集まるようになり、読者が増えていったのです。

他の人のブログにコメントする際は、もちろん丁寧に愛を持って書きましょう。記事を読んでいないのがバレバレな内容だったり、投げやりなコメントでは、人の心をつかむことなどできません。

真剣にコメントを書き続けているうちに、ブログという場でのコミュニケーションのスキルも上がっていきます。ブログの感想を書き込むときは、自然に相手のことを思って書こうとします。相手がどんなことを書いたら喜んでくれるのか、何がよくてどんな気づきがあったのかを伝えようとするからです。つまり、圧倒的に相手目線の思考になるのですね。これが好意と信頼を獲得するコミュニケーションです。

愛のあるコメントをつけていくことによって、あなたのブログの認知度が向上していくのです。

ブログで集客するなら専門外のことは書いてはいけない？

「ビジネス目的でブログを書くなら、プライベートなことは書かないほうがいいでしょうか？」という質問を受けることがあります。例えば、英語のコーチとして英語の習得をテーマに発信しているのに、旅行に行ったことや、家の片づけをしたことなどについてブログ記事にしてもいいのかということです。

コンセプトに沿わない発信をすると属性の違う人を集めてしまうので、その懸念はもっともなところです。

そして、プライベートな出来事や日常のことをテーマに投稿したところで、本来の仕事とは関係ないので集客にはつながらないのも確かです。

だからといって、専門的な記事ばかりでは、読んでいるほうはおもしろくありません。

あなたも商品をどこで買うか迷っているとき、お店の人の接客ぶりや、営業マンの人となりで選んでしまうことはありませんか？　**どこで買うかより誰から買うかを重視するということ。**これはインターネットでの購買にも当てはまります。対面販売ではない分、より強くその傾向が出ます。ですから、「関係ないことは書かないほうがいいのか」という問いには、「仕事と関係のないネタの記事を投稿するのは、むしろおすすめ」なのです。

ブログは読者との関係性をじわじわと構築していくものなので、プライベートのチラ見せや価値観を知ってもらうことはとても大切なのです。

投稿時間はいつも同じに。読者の「新聞屋さん」になろう

ブログを投稿する時間は、いつも同じ時間にしましょう。決まった時間に配信することで読者にとってあなたのブログを読むことが生活のリズムに組み込まれ、習慣になります。

毎朝早朝に届く新聞と同じです。新聞をとっている人は毎朝届くのが分かっているので、朝食前後のルーティーンに新聞を読むことを組み込む人が多いと思います。

ブログも毎日決まった時間に更新されることに読者が慣れてくれれば、休憩時間などに

目を通してくれる人が増えるはずです。そのため、あなたのブログの読者層が最もブログを読む可能性がある時間帯を更新時間に設定しましょう。
ブログには予約投稿機能があり、セットしておけばその時刻に投稿してくれます。

私はメルマガも発行しているのですが、これは午前11時11分に送る設定にしています。分かりやすく1を重ねた時刻にしただけですが、ランチタイムにはすべての読者に届くようにという思いもあり、この時刻に設定したのです。たまにメルマガを休むと、「今日はメルマガが届きませんでした」というお問い合わせや、「体調が悪いのでしょうか」と心配するメールをいただいたりします。「お休みの日はちょっと物足りないような気がします」などというお声もいただきます。私のメルマガを読むことを習慣にしてくれていることが分かるお声をいただくと、とてもうれしくなります。

毎日同じ時間にブログを投稿するのは、読者の興味関心の程度が計りやすいというメリットもあります。**投稿時間を一定にしないと、読まれた要因がネタにあるのか、それとも他のことにあるのか、分析しにくいのです。**

アメブロのアクセス解析のページでは、その日の1時間ごとのアクセス数を見ることができます。同じ時間に投稿することで、読者の記事に対する興味・関心の度合いを測ることができます。読者はタイトルの引きの強さで、すぐに読むか、後から読むかを一瞬で決めます。投稿から1~2時間でどれくらいの人が読んでくれるのかを見ていくと、読者の興味のあるテーマが浮き上がっていきます。するとどんなコンテンツを積み上げれば喜ばれるのか分かってくるので、アクセス数を伸ばせるようになります。

記事を書き上げたらすぐに投稿してすっきりしたいのも、誰かに早く読んでほしいからすぐに投稿してしまうという気持ちもよく分かります。過去の記事をいつでも読めるのがブログのいいところですが、一番読まれるのはやはり投稿した日、投稿したばかりの時間です。誰も見ていない時間に投稿してしまうなんてもったいないこと！　書いたらすぐに投稿するのではなく、ぐっとこらえてよく読まれる時間に予約投稿するようにしましょう。

3

「自分をさらけだす」ことを許可するだけ

信頼されるプロフィールの書き方

伝わるプロフィールはこう作ろう！

ユーザーがあなたのブログを読んで興味を持ってくれたら、次に「この記事を書いた人はどんな人なんだろう？」と関心を持ってプロフィールを読みます。ここは、通りすがりのユーザーから読者に昇格してくれるチャンス。ユーザーの心をグッとつかみましょう。

どんな人か分からない個人からネットを経由して商品を購入するのは、たとえ500円の商品であっても購入をためらうでしょう。まずは自分を知ってもらい、信頼してもらうことが大事になってきます。きちんとしたプロフィールは信頼を得るとっかかりとなります。通りすがりにブログを読んでくれた人が思わずフォローボタンを押したくなるような、コア・

ストーリーを盛り込んだプロフィールにしましょう。

アメブロにはプロフィール用のページがありますが、それとは別に、プロフィールの記事をひとつ作成しましょう。そして、投稿記事ごとに、そのページへのリンクを張っておきます。そうすると、記事を読んでちょっとでもあなたのことを気にしてくれた人にプロフィールを見てもらいやすくなるのです。

プロフィール文には、「〇〇（有名企業）出身」とか「営業成績トップ、社長賞を〇回受賞」のような「素晴らしい実績」を書かなくてはいけないように思いますが、そんな必要はありません。むしろ「ありのままの自分をさらけ出す」ことのほうが大事です。

書いておきたいのは、「なぜその仕事を選んだのか」「なぜそのテーマで発信しているのか」といったきっかけのエピソードや動機です。そこには必ず物語があります。その物語を通じて自分の情報を伝え、共感してもらえれば読者はあなたに興味を持ってくれます。

あなたの物語が読者（未来のお客さま）に伝わりやすい、とっておきのひな型を次ページにご紹介します。ぜひこれに沿ってプロフィールを書いてみてください。

信頼につながるプロフィールをつくるためのひな型

① 初めにサクッと肩書き

② 今の仕事やブログを始めたきっかけ

③ 失敗や挫折を乗り越えたエピソードや気づき
（または）今のような考え方や価値観を持った理由

④（あれば）お客さまの声

⑤ なぜ、その商品・サービスを作ったのか

⑥ あなたの夢や挑戦していること
（または）あなたが活動を通して将来実現したいこと

⑦ プライベートをチラッと紹介

⑧（あれば）お問い合わせボタン・メニュー

4

レベルアップするテクニックを知っておこう

ネットの特性を意識した記事を書こう

検索エンジンや読者のブログ滞在時間にも気を配ろう

グーグル（Google）やヤフー（Yahoo! Japan）などで何らかのキーワードを入力して検索したときに、検索結果にブログ記事が表示されることがあります。キーワードによっては検索結果のかなり上のほうに表示されることもあります。

記事タイトルは検索エンジンを意識しよう

つまり、よく検索されるように意識して記事を書くことで、検索結果に表示されやすくなり、たくさんの検索ユーザーがあなたのブログに訪れることが期待できます。ブログに流入する間口を広げておくことは、ブログ読者を増やす上でとても重要です。

検索結果から新たにブログを訪れる人は、商品を買ってくれる確率が高い人です。なぜなら、検索するということはすでに何か困っているということであり、それをすぐに解決したいという背景があるからです。つまり、検索してあなたのブログを見てくれた人は、お客さま候補者です。実際私も、検索して私のブログを発見し、コンタクトを取ってくれた人から、「あんさんみたいな人を探していました！」と言われることがあります。

検索してブログを訪問してくれた人にお客さまになってもらうために、次の３つを意識しましょう。

＊パッと見て、**「何屋さん」なのか、はっきり分かるブログにする。**
＊記事には当たり前のことだけではなく、自分にしかない視点や気づき、またはその理由など、**興味深い情報を含ませる。**
＊どこかのページのコピーや書き換えではなく、**オリジナリティ（体験談など）と付加価値のあるものにする。**

新しく投稿した記事が一番読まれる（193ページ）とお話ししましたが、検索してブログに訪れる場合は関係ありません。よく検索される記事、よく読まれる記事は、古い記事でも頻繁にアクセスがあります。

検索から過去に書いた記事にもコンスタントにアクセスがあるため、検索上位に表示されやすい記事が多く蓄積されればされるほど、たくさんの読者、見込み客との出会いが期待できます。ブログが資産価値の高いメディアと言われるのはそのためなのです。

どうすれば検索からアクセスされやすくなるかというと、**「自分のブログはどんな言葉（検索キーワード）で検索されるのか」を意識して記事タイトルをつけることです。**

検索されるキーワードを意識して記事のタイトルをつける

それでは、どうやってキーワードを探せばいいのでしょうか。あなたのブログのコンセプトからキーワードを考えてみましょう。

①ターゲットが**どんな悩みを抱えているのか**を再度確認する。
②**どんなキーワードで検索するか**を推測する。
③**実際にグーグルでキーワードを入力して候補を表示**してみる。
④検索結果の一覧画面に**強い競合相手がいないキーワードを使って記事を作成する。**
⑤しばらくしてから、**結果を分析する。**

まずは、あなたのブログを訪れる人が検索しそうなキーワードを推測してみましょう。その方法として、次のようなことをしてみてはいかがでしょうか。

- ☑ あなたが困りごとを解決するために検索したときのキーワードを思い出してみる。
- ☑ 周りの人がどんなことを探しているのかアンテナを立てる（ネットニュース・新刊・経済新聞・巷《ちまた》の愚痴など）。
- ☑ お客さまがどんなことをネットで調べたのかをリサーチする（どんなキーワードで検索したのか）。

☑ お客さまの悩みごと、困りごとを丁寧にヒアリングする。

キーワードを考えたら、グーグル検索で、検索窓にその言葉を入力してみましょう。例えば、50代でダイエットをしたい人が痩せる方法や悩みを共感するために検索窓に入力する言葉を推測し、「50代　ダイエット」というキーワードを入力すると、下にずらっと追加で入力する候補となる言葉が表示されます（この候補の言葉を「サジェストキーワード」といいます）。

サジェストキーワードは、自分が過去に検索した言葉もありますが、他のユーザーが実際に検索した履歴からも出てきます。その中で強い競合相手（大手企業・情報量が圧倒的に多いサイト）がいなそうなキーワードを使って記事を書くといいでしょう。

私のブログタイトル『アラフィフの生き方ブログ―50代を丁寧に生きる、あんさん流』を付けてくれたのは長男です。私が世の中に伝えたいことをヒアリングして、このタイトルを出してくれました。今でこそよく耳にする「アラフィフ」という言葉は、ブログを始めた２０１４年当時は、あまり言われたくないキーワードでした。ブログタイトルについ

**ブログを訪れてくれそうな人が検索窓に
入力しそうな言葉を推測し、実際に入力してみよう**

50代　ダイエット　　検索

- お金をかけずにダイエット　50代
- 50代　ダイエット　即効性
- 50代　ダイエット　男
- 50代　ダイエット　痩せた
- 50代　ダイエット　10キロ
- 50代　ダイエット　食事メニュー
- 50代　ダイエット　成功体験談
- 50代　ダイエット　5キロ
- 50代　ダイエット　20キロ
- 50代　ダイエット　成功ブログ

↓

**ユーザーが実際に検索したキーワードの候補
（サジェストキーワード）が表示される**

↓

**強い競合相手がいなそうなキーワードを組み合わせて
ユーザーが読んでよかったと思える記事を書いてみよう**

て話していたとき、私が「アラフィフなんてダサい」と言うと、長男は「見とってみ！周りでそれを使っている人が誰もいないのなら、すぐに一番になれるわ」と断言。「いつか『アラフィフ』が検索されまくる時代がやってくる」とも言っていましたが、本当に長男の言ったとおりになりました。

私のブログは、「アラフィフ」「生き方」「50代」「丁寧」「あんさん」などのキーワードの組み合わせでよく検索されています。このように、**一歩先を行く視点と行動も大事です。**

「関連記事」へのリンクを張って、他の記事も読んでもらおう

初めてブログを開いてくれたユーザーにできるだけ長く滞在してもらえるよう、色々な記事を読んでもらえる工夫をしましょう。そのためにユーザーがブログ内を回遊できるよう、ブログ内に専用のコーナー（区画）を設置するといいでしょう。そこに興味を持ってもらえそうな他の記事への内部リンクを張り、ユーザーがストレスなくリンク先を開けるようにします。

私がおすすめするコーナーと、それを設置する目的は次の4つです。

＊【関連記事一覧】を掲載して、さらに情報を厚くする。
＊【マイヒストリー】を連載して自分のことを知ってもらう。
＊【お役立ち情報一覧】で悩みを解決してもらう。
＊【人気トピックス一覧】で楽しんでもらう。

人は結局のところ、「人」に魅かれるのであり、**「何を」書いたかより「誰が」書いたかに興味を持つ**のです。ですから、あなたがこのビジネスを始めた動機やきっかけ、ブログを始めた理由、その後どうなったのかといった今を知りたいと思うのです。読者のそういった要望に応えるものを「マイヒストリー」として掲載し、あなた自身の魅力を発信することで、読者との信頼関係を築けるようになるのです。

ひとつの記事だけを読んで終わるブログではなく、ユーザーがあちこちのページを巡り、遊んで帰ってもらえる、そんな「自分メディア」に育て上げましょう。

「アメトピ」で取り上げてもらい、たくさんの人に読んでもらおう

アメトピはアメブロのスタッフが厳選したブログ記事を取り上げるコーナーのこと。ここに掲載されると、あなたのブログをまだ知らない不特定多数の人に読んでもらえる可能性がぐんと広がります。普段、投稿しているブログ記事を通りすがりのユーザーに読んでもらえるチャンスはなかなかありません。でも、アメトピに掲載されると一気にブログへの訪問者数、アクセス数が跳ね上がります。

アメトピに掲載されるメリットは次の6つです。

- ☑ 短時間で認知度が上がり、ファンが増える。
- ☑ お客さまと出会うチャンスが広がる。
- ☑ 提供メニューの申し込み者数を増やすことができる。
- ☑ アメーバピック（Ａｍｅｂａのアフィリエイト）の収益を増やすことができる。
- ☑ アメトピの常連としてブランディングできる。
- ☑ Ａｍｅｂａ公式トップブロガーになれる可能性が上がる。

私のブログ講座のある受講生さんがアメトピに掲載されたときには、始めたばかりのブログであったにもかかわらずフォロワーが1日で7人から190人に増え、アクセス数も10万超えになるほどでした。この数字の例からも、効果のほどがよく分かると思います。

アメトピに掲載されるポイントは、アメトピでどんなテーマがトレンドになっているのか傾向をつかむこと。投稿された記事がアメブロのスタッフの目に留まるよう、キャッチーなタイトルをつけることです。アメブロのスタッフを唸《うな》らせるつもりで記事のタイトルをつけてみましょう。

グーグルディスカバーに掲載されれば、外部からの流入がぐんと増える

グーグルディスカバー（Google Discover）とは、グーグルのアカウントにログインした状態でグーグルのアプリを起動したり、アンドロイドのスマホやタブレットでgoogle.comにアクセスすると、ユーザーが興味・関心を持ちそうなコンテンツ（記事）が表示される

機能です。あらゆる種類の役に立つコンテンツがウェブ全体から収集されて表示されます。そこにブログページも表示されることがあります。ブログの運営者にとっては、自分のブログに新規流入者を増やせるうれしいサービスです。

グーグルの自動システムがユーザーに有益であると判断するのは、次のような内容が含まれているものになります。

- ☑ **専門性が高い（情報が多い）。**
- ☑ **権威性がある（誰が言っているのか）。**
- ☑ **信頼できるページが多い（中身のある）。**

難しく思えるかもしれませんが、ユーザーに興味・関心を持ってもらえるネタであれば、日常をテーマにしたようなものでも掲載されます。

２０２３年６月のことです。犬の散歩中に、自宅の庭の雑草が伸びていることに気づきました。「わが家も早めに草むしりをしなければいけない。このまま夏になったら大変なことになる」と思ったものの、これでも忙しい身。建物の周りだけとはいえ、草むしりは骨が折れる作業です。そこで、シルバー人材センターに除草を依頼したのですが、これが大いに助かりました。主婦なら同じように考えるはずだと思い、グーグルディスカバー狙いでこの経験を記事にして投稿したところ、思惑どおり取り上げてもらえることに成功。アクセス数はなんと1日で90万ＰＶを超え、その翌日も40万ＰＶを超えるという結果になりました。

欲しい情報をタイミングよく発信できれば、個人ユーザーだけでなく企業にとってもメリットが多いもの。あまり難しく考えずに、挑戦してみてはいかがでしょうか。

第6章

収益を増やし、自分自身も成長していこう

Increase your revenue
and grow yourself!

1

ブログ集客のステップを確認しよう

ブログで物を売るには具体的にどうする？

販売する場所へ上手に導くには

ブログで具体的にどのように稼ぐのかは第1章（32ページ）でざっくりお話ししました。広告のリンクを張って稼ぐ、商品を紹介してアフィリエイト収入を得る、商品を作りそれを売るという方法がありましたね。

ブログから物を売るには、ブログ内の商品を売っているページに読者を誘導する仕組みを作る必要があります。ブログを読みに来てくれた読者が最終的に商品を買ってくれるために到達してほしい記事、つまり売る場所作りが必要なのです。

ブログ集客には次のような段階があります。ご自身のレベルに応じてステップを踏んでいきましょう。

【第1段階】プロフィール記事に人を集めよう

まだ商品・サービスもできていないスタートを切ったばかりの段階では、ユーザーに自分を知ってもらうこと、信用してもらうことが何よりも大切です。「この人ってどんな人？」と興味を持ってもらえるプロフィールになっているかを確認しましょう。ブログをフォローしてもらい、読者になってもらえれば、まずは第1段階の目標を達成したことになります。

プロフィールの書き方は第5章（194ページ）で説明しました。すでにプロフィールのページを作ってある人も、読者が読みたくなる内容になっているか、あなたを信頼してもらえる内容になっているか、もう一度確認してみましょう。

【第2段階】コーナーを作って回遊率をアップさせよう

ブログに滞在する時間が長いほど、ブログを訪れたユーザーの満足度は高くなります。できるだけ多くの記事を読んでもらえるような工夫が必要です。ユーザーが興味を持ってくれそうな記事を集めて、ブログ内を回遊してもらうよう、コーナーを作りましょう（203ページ）。

また、商品・サービスを作ったら、その告知や募集をするページ、お客さまの声などのページに1クリックで飛べるよう、リンクを張りましょう。

【第3段階】商品・サービスを売る場所に誘導しよう

商品・サービスのコンセプト作りが完了したら、次に見込み顧客を売る場所に誘導していきましょう。ブログの流入者は「たまたま通りかかった人」「いろいろと探してたどり着いた人」「いつも読んでくれている人」「困りごとを解決したい人」など、一見《いちげん》さんからコアなファンまで距離感や信頼関係の程度が様々です。これではブログにどれだけ「今すぐ欲しい」という見込み客がいるのか分かりません。

そして、情報過多の時代ですから、「今すぐなんとかしたい！」と緊急に解決したい人はほとんどいません。潜在意識の中では「欲しい」と思っていても、購入すべきかどうか迷っているお客さまがほとんどなのです。

ですから、どれくらい自分の活動に興味を持ってくれているのかを知るため、そして見込み客になってもらうため、読者に別のページへ移動してもらいましょう。

低単価の商品を販売するのであれば、「ＬＩＮＥ公式アカウント」を使うのがおすすめです。ＬＩＮＥ公式アカウントは個人で作れますし、月200通以内のメッセージ数なら無料です（２０２４年4月現在。送付人数×メッセージ通数でカウントされます）。もちろん、スマホでも簡単に作成できます。

ＬＩＮＥ公式アカウントが作成できたら、登録してもらうよう、ブログの読者を誘導していきます。そして、ＬＩＮＥ公式アカウントに登録してくれた読者には、ブログには出していない、一歩踏み込んだ情報を提供しましょう。

自分の活動に興味を持っている人だけに商品・サービスをご案内していくことで、売り込み感なく商品やサービスを販売することができるのです。

2

実はこれが稼ぐために必要な最重要事項

お金を受け取ることを自分に許そう

「こんなことでお金をもらえない」というブロックを外す

これまでに、好きなことを仕事にして自由な働き方をしたい女性たちから、ビジネスの相談を受けてきました。そこで気づいたのは、**スキルや才能があっても稼げていない原因のひとつに、「お金を受け取れない」という「お金」のブロックがあるということ。**

多くの人が、お給料でしかお金をもらう経験をしていません。相手に自分の労働の価値を決められ、時給や月給という「賃金」としてお金を受け取る経験はあっても、自分が提供する商品やサービスに対して自ら報酬額を設定し、それを受け取ってきた経験がないのです。

自分が提供するサービスですから、いくらの値段を付けたっていいのに、「これだけいただきたい」と言うことができない――。これが稼げない大きな理由です。

「お金」に対する考え方や価値観は親からの影響が大きいと思います。「お金の話を人前でしてはいけない」「お金は汗水たらして働いて稼ぐもの」「お金持ちは悪どい」といった、「お金＝よくないもの」という価値観を刷り込まれて育った人も多いのでしょう。

しかも、学校で正しい「お金」の教育を受けたこともなければ、「お金」というだけで妙に構えてしまうのです。

お金を受け取れない人、自分のビジネスに値段を付けられない人のほとんどが、次のような言葉を口にします。

「こんなことでお金をもらっていいの？」
「お金を受け取るほどの経験や実績が私にはない」
「お金を受け取って、後から文句を言われたらどうしよう」
「押し売りと思われたくない」

まずは、これらの思い込みを手放すことが重要です。

人は自分が持っているスキルや才能を、なぜか「誰でもできる」と思いがちです。実際にはそんなことはなく、**あなたの当たり前は、他の人の当たり前ではありません。**お金を出しても欲しいと思われるのは普通のことです。

最初は実績も経験も少ないので、クレームが来たら怖いと思うかもしれませんが、一生懸命やっていればそれは相手にも伝わりますから、それほど心配する必要はありません。

欲しくもない商品やサービスを、お金を払って買う人はいません。あなたが、目の前にいる人に何ができるかをしっかりお伝えするのは、押し売りではなく「ご提案」です。むしろ相手にとってはワクワクが受け取れるうれしい時間です。

あなたが欲しいと思う金額を堂々と受け取りましょう。それでどんどん売れていくなら値段を上げてもいいでしょう。

売れないのであれば、安易に値下げするのではなく、商品・サービスの内容やあなた自身のあり方を整えていけばいいのです。

「誰でもできること」だってお金を受け取っていい

「こんなことが本当に仕事になるの？　本当にお金を受け取っていいの？」というブロックを壊す助けになるエピソードをご紹介しましょう。

私がＳＮＳのデザイン周りをお願いしているデザイナーの由香さんは、学校などに通ってウェブデザインを学んだわけではありませんし、ウェブデザインをしようと思って今の仕事を始めたわけではありません。

由香さんは自分の名刺を作ったことがきっかけでデザインに興味を持つようになり、パソコンの作業が苦手な起業家の手伝いをするうち、徐々に口コミで販路が広がっていきました。起業家の方々のニーズに合ったサービスを提供していたら、パートで月8万円だった収入が、最高で月商60万円にもなったそうです。パートの仕事をしていたときに比べると時間にもゆとりができ、人間関係のストレスからも解放されたそう。

ブログやＳＮＳのデザインは、誰もが無料のツールで作れる時代です。スタイリッシュなデザインを簡単に作成できるキャンバ（Canva）というサービスは、無料の画像編集ツールとして有名です。でも、いくらキャンバが誰でも無料で使えるツールだからと言って、本当に誰でもが使っているわけではありません。苦手意識があってやる気になれない人、時間がなくて自分ではできない人、その時間を他の作業にあてたい人などもいて、キャンバでデザイン、制作するサービスは、そういう人たちに需要があります。

私自身も画像の制作や編集ができないわけではないけれど、デザインはそれが得意な人にお金を払ってお願いしています。

「誰でもできる」と思っていることでも、立派にお金をいただけるとお分かりいただけたでしょうか。

主婦業は「できて当たり前」ではない

「誰でもできて当たり前」と思ってしまうことのひとつに、家庭で主婦が行っている仕事があります。私は、主婦は家庭の中で自己表現する個人事業主だと思っています。主婦こそ家庭内を円滑にまわす「プレイヤー」であり、「マネージャー」でもあり、さらに家族の

「サポーター」でもあるという、3役をひとりでこなす個人事業主のような働き方をしているのです。

しかも、私たち世代の主婦はワンオペ育児、共働き、家事の3つの仕事をひとりでこなしてきたマルチプレイヤーです。実際、主婦業をよそのお宅で行う職業は、昔から家政婦として存在してきましたし、今では一般の共働き家庭などでも手が届く家事サポートサービスが人気です。

でも、自分だけでなく周りの主婦もやっているので「誰でもできる当たり前のこと」だと思い込んでしまっているのです。

私のブログ講座の受講生に、家事代行業「暮らシゴト」を運営する、はるさんという女性がいます。子どもの手が離れたことから、会社勤めをする傍《かたわ》ら、それまで自分の家庭でしていた夕飯作りなどの家事をよそのお宅でやってから帰宅するという副業を始めました。

依頼者のお宅を訪問してお料理を作り、掃除をし、依頼者とお子さんが帰宅したら、お子さんがやりたがるお手伝いの見守りもする……。自分が依頼する立場なら「そんなことまでしてくれるの⁉」と思いますが、主婦なら誰でもこれくらいのことは当たり前にして

います よね。
はるさんがすごいのは、この家事代行のみで終わらなかったところです。働くママのサポートだけではなく、高齢者の買い物代行、コインランドリーでの大物の洗濯、子どもの宿題サポート、単身赴任者の住居のお掃除など、かゆいところに手が届くサービスを次々と発案し、ビジネスにしてきました。これらはすべて主婦業を長年やってきたからこそ気づくサービスです。企業ではここまで目が届かないし、真似しようにもそれほど融通も利かないでしょう。

はるさんの例からも分かるように、**自分にとっては「こんなこと」と思えることでも、他の人から見れば喉から手が出るほど欲しいものもあるのです。**

3

習ったことをどんどん人に教えよう
教えるビジネスでさらなる収益化を目指そう
セミナー開催のすすめ

既に商品やサービスを売っている人にも、これから販売するものが決まっている人にも、ぜひおすすめしたいのが、「教える」ビジネスです。

「本を読んでも、内容が頭に残らない――」、そんなふうに思っている人は多いはずです。それは覚えが悪いからではなく、インプットだけで終わっているからです。内容を人に伝えるなど、アウトプットすることで記憶に定着しやすくなります。

そこで、新しく習ったことは時間をかけずに人に教えてみましょう。それでお金をいただければ、記憶も定着するし報酬もいただけて一石二鳥です。ブログでのアウトプットに慣れたら、ぜひ教えるビジネスにチャレンジしてみましょう。

私は講座でブログやSNSで稼ぐ方法を教えています。ブログのやり方を誰かに教わったことはなく、すべて自分で試行錯誤した体験に基づいた内容を講座にしています。だから、汎用性があるかどうか分からず、「人に教えていいものか」と最初は迷いました。また、受講者さんにどのように伝えていけばいいかも分かりませんでした。

人に物事を教えるまでのステップには、「知る→分かる→できる→教える」という4つがあります。人に教えるのであれば何か軸になるものはないかと探していたところに出会ったのが「マーケティング」でした。これに置き換えたらすべて説明がつくと気づいたのです。そこで、なけなしの退職金をつぎ込んで、半年間のマーケティング講座を受講。その1か月後にはライフシフトブログレッスンの第1期を開始しました。つまり、教わるのと発信するのをほぼ同時並行で行うことにしたのです。

マーケティング講座を受けてから自分のブログ講座をスタートするまで、わずか1か月しかありませんでしたが、講座を受けてくださる方にはこちらの事情は関係ありません。

しっかり教えられるよう、マーケティング講座で教わった知識を何度も咀嚼《そしゃく》するよう唱えたり、講座のテキストに落とし込んだりして、1回目の講座を開きました。

「人に教える」というと、「もう少しうまく話せるようになってから」とか「人に教えるほどのレベルになっていないから」とためらう人がいます。でも、**完璧にやろうとすると、いつまで経っても教えられません。**今のあなたができることを「教えてほしい」という人にすぐに提供していき、その価値に見合った金額を受け取ればいいのです。

教えるビジネスは稼ぐ力が上がっていきます。なぜなら相手の立場になって分かるように伝えようと努力しますし、質問に答えるためにはさらに学びを深める必要があり、その過程で自然と自分の腕が上がっていくからです。

人に何かを教えるという行為は、自分は「まだまだ」という未熟さを知るものでもあります。ですから、相手に「与える」という上から目線の態度ではなく、謙虚な心持ちで、自分のサービスや商品の質を高め、内容を深めていくようになるのです。

持ち出しも在庫もなし！　セミナー開催がおすすめ

教えるビジネスのいいところは、資金がほとんど必要ないことです。

ホリエモンこと堀江貴文さんが提唱した「商売の4原則」をご存じでしょうか。

> **1　利益率の高いビジネス**
> **2　在庫を持たない・少ない**
> **3　毎月の定期収入が得られる**
> **4　少ない資本で始められる**
>
> （出典：『バカは最強の法則　まんがでわかる「ウシジマくん×ホリエモン」負けない働き方』堀江貴文著、真鍋昌平原案、松本勇祐作画、小学館発行）

教えるビジネスはこの4原則をクリアしています。その中でもビジネス初心者におすすめなのが「セミナー開催」です。

「セミナー」と似たような催しとしては「講座」が挙げられます。私が先輩から教えてもらった両者の違いですが、セミナーは参加者に「何かひとつでも気づきを持って帰ってもらえること」、つまり目的とゴールが大事であること。講師に参加者が気軽に質問できたり、参加者同士が意見交換できたりする、ワークショップの要素が楽しかったりします。

一方で講座は、何らかのテーマについて指導者がいて、学びを目的として生徒が集まって知識やスキルを高めるための講習を受ける会です。

私が最初にセミナーを開催したときのテーマは、「自分らしく生きたい女性は好きを発信しキラキラ輝く人生を生きよう」というもので、ブログのノウハウに自分の体験をプラスして伝えるというものでした。「ブログを書き続けたら、なんだか人生が輝いちゃった。ブログがどれだけ人生に影響を与えたか体験談を話すから来てね～」というノリでした。「えっ、そんなことでいいの?」と思われるかもしれませんが、参加者の中にはセミナーをきっかけにライフシフトブログレッスンを受講して起業までした人もいれば、実際にブログを始めて人生が変わった人もたくさんいます。

始めから何かを与えられる人になっていなくても、受講者と一緒に楽しめるものでお金をいただいたっていいんです。

興味のあるセミナーに参加してみよう

初めてセミナーを開く前に、私は他の人のセミナーを受けてみることにしました。自分と同じように会社員から独立して、好きなことを仕事にして大成功を収めている女性経営者さんのセミナーに参加したのです。200人規模のセミナー会場は若い女性でいっぱい。なんだか緊張して、始まる前から身体もガチガチになっていました。

セミナーが始まり、周りの受講生さんを見渡すと、熱心にメモをとる人や、感動のあまりときおりハンカチで涙をぬぐう人もいました。私はどうだったかというと、「セミナーってこんな内容でいいんだ」と拍子抜けし、「このレベルなら余裕でできる」と思っていました。興味の薄いテーマだったからかもしれませんが、自分がセミナーに対して勝手にハードルを上げていたことにも気づきました。

あなたもセミナーを開く前に、他の人のセミナーに参加してみてください。私とは逆に、「こんなにレベルの高いことなんてできない」と自信をなくしてしまうかもしれませんが、そのときは参加したセミナーで学んだことをひとつでも自分のセミナーに取り入れようという心構えで臨めばいいと思います。

あなたのセミナーには、「今のあなたがいい」という人がちゃんと来てくれますから、それほど心配しなくても大丈夫。**あなたができる範囲で誰かのお手本になることができるはずです。**セミナー講師としては、知名度やスキルの高さも大事ですが、自分が一番能力を発揮できる規模から始めてみましょう。

セミナーを開催するまでの具体的なステップ

それでは、セミナーを開催するまでに何をすればいいのか、具体的にご説明しましょう。

まず、**開催日を決定します。**「いきなり開催日から決めたら逃げ場がない！」と焦る気持ちも分かります。しかし、**人は漠然としたゴールに向かって進むのが苦手なもの。決まった締切がなければ、何かと先送りしがちです。**しかも、働きながら新しいサービスを作るのは、時間的にも容易ではありません。「やらない」という選択に流れてしまうのはあまりにも簡単です。

「やる！」と決めてからは、早くて2か月後、遅くとも半年以内の開催日を決定します。

仕事があり、セミナーの準備はお休みの日にしかできないという人でも、6か月もあればセミナーの内容は完成します。2か月後より締切が早いと参加したい人も都合がつけられず、あまり先では予定を決められないため、2か月から半年後がベストなのです。

セミナーの予告は、1か月半前から徐々に開始します。告知のスタート時期がぎりぎりになるのもよくありません。ここから初めて、少しずつ場を盛り上げていくのです。

セミナー開始までのスケジュールは231ページを参考にしてください。

最初のセミナーは開催することが重要

初めてのセミナーで不安なことは、「本当に人が集まるのか」だと思います。集客の恐怖心は、起業から何年経ってもなくなることはありません。でも、「不安になるのは当たり前です！」と言ったところで気が楽になったりはしませんよね。

告知して誰も集まらない可能性をなくす方法があります。それは、**ブログで事前に「こんなことをしますが、参加したい人はいますか？」と参加者を募る**ことです。「ぜひ行きたい！」と言ってくれた人がいたら、その人たちの都合に合わせて開催します。そうすれば、参加者ゼロにはまずなりません。

最初のセミナーは開催すること自体が重要です。初めはお友だちにお願いして来てもらってもいいですし、参加者にお友だちを誘ってもらったり、ＳＮＳで交流のある人に拡散をお願いしたりして、人を巻き込んで助けてもらいましょう。

セミナー開催前にモニターを集めて、予行練習をするのもおすすめです。モニターには参加費を無料にしたり安くしたりして、代わりにアンケートに答えてもらいましょう。そうすれば、最初に開催する前にお客さまの意見を知ることができます。意見を参考にして本番前にセミナーの内容を改善できますし、よかった点を募集記事に織り込めば、訴求力がアップします。実際に私も、本番のセミナーの前にプレセミナーを開催したことで自信をもって本番に臨むことができました。

セミナー開催までの行動計画表

行動項目	内容	期限	気づいたこと
目的の明確化 (テーマ) ゴールを言語化する			
セミナー商品のコンセプトを決める	・ターゲットは？ ・どんなテーマ？ ・どんな解決？ ・どんなゴール？		
スケジュール (Plan) やるべきことを明確に	・開催日時を決める ・セミナー会場を予約する ・コンセプトを決める ・資料を作る ・そのテーマを語れる資格を発信 ・ターゲットへのお役立ち情報を発信 ・告知記事を作成		
(　　)月 (Do) 期日と具体的な行動			
(　　)月 (Do) 期日と具体的な行動			
(　　)月 (Do) 期日と具体的な行動			
(　　)月 (Do) 期日と具体的な行動			1か月前から告知 集客開始
(　　)月 (Do) 期日と具体的な行動			当月も満席になるまで告知

セミナー開始までのカレンダー

① セミナー開催日を決定する。

↓

② セミナーの目的を明確にする。

↓

③ セミナーのコンセプトを作る。

↓

④ 開催までの行動計画を立てる（期限をしっかり決める）。

↓

⑤ 資料作成と開催準備。

↓

⑥ セミナーの予告（1か月半前）。

↓

⑦ セミナーの告知（1か月前）。

↓

⑧ セミナーの募集＆案内
（1か月前）。

↓

⑨ 2週間前には満席にする。
追加募集も行う。

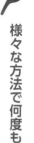

様々な方法で何度も開催告知をしよう

「ブログで案内したけれど、全然お申込みがありません。やっぱり私ってダメですね。必要とされていないんだ……」となげく人に限って、開催告知の回数が少なすぎるだけだったりします。はっきり言いますが、**1回や2回の告知で人が集まってくれるなんて思ったら大間違いです。**テレビの新番組だって、メインキャストが朝の情報番組にピーアール出演したり、トーク番組にゲスト出演したりして露出を高くして知ってもらおうとしているじゃないですか。それでも初回視聴率が10％にも満たないこともあります。それなのに、知名度も低い私たち一般人が数回お知らせしただけで誰かに「行ってみよう」と思ってもらえるはずなどありません。そもそも来てほしい人まで告知が届いていない可能性が高いのです。

満席になるまでは、発信内容の切り口を変えて、何度かに分けて募集記事を発信し続けましょう。

「でも、そんなことをしたら、読者にウザがられて嫌われるんじゃないか」などという心配はご無用です。自分に興味のない記事を親切心から読んでくれる読者はいません。読まれないから大丈夫！　だから、しっかりとターゲットに刺さる告知タイトルをつけて投稿しましょう。目標はセミナー開催の2週間前に満席になっていること。そうすれば、あとはセミナーの準備に専念できます。

もし満席にならなければ、あまり費用をかけずに告知できる次のような方法も試してみましょう。

＊チラシを作り、行きつけのお店に置いてもらう。
＊チラシを作り、異業種交流会などで名刺代わりに配る。
＊友人・知人にメールで案内を送る。または送ってもらう。
＊セミナー告知サイト（「こくちーず」「セミナーズ」など）を利用する。

100人集めようと思わない。2人でも「満席」が大事

セミナーを開催するなら、「たくさんの人を集めないとカッコ悪い」なんて思っていませ

んか？　以前私が参加した、お金のセミナーは参加者がたったの４人でした。それくらいの少人数で満席になる小さな会議室もあります。200人集まったセミナーに参加したこともありますが、その会場には空席もあったので満席ではありません。４人でも満席といえることもあれば、200人でも空席ありということだってあるんです。

「満席」ってとてもいい響きですよね。自分が目標としている人数を集められたというのは、自信になります。なので、最初から大勢を集めるのではなく、自分が集められそうな人数を募集定員にしましょう。それが２人だっていいんです。

定員に達したら【満席御礼】とタイトルを付け、満席を知らせるブログ記事を投稿しましょう。「満席」という言葉はとても魅力的に映ります。いつ行ってもガラガラに空いているレストランより、多少並んでも人気のあるラーメン屋に入りたいと思うのが人の心理です。だから、一度にたくさん集めずに、少人数制にして、その分回数を増やして「人気講座」だと印象づけるやり方もあります。

満席になったけれど、お客さまの要望に応じて増席して人気ぶりをアピールするのも、次のセミナーを開催するときの集客に効果的です。

4

ブログで人生が好転するには理由があった

ブログを通して成長していこう

人生100年時代を最高の自分で生きる

２０１４年2月3日の初投稿から今日まで、毎日休まずブログを投稿しています。今なら、毎日書かなくてもビジネスに影響はないかもしれません。でも、毎日投稿することでビジネス以外にもたくさんのいいことがあるので続けています。

私の知るかぎり、有名な人ほど発信を怠っていません。すでにビジネスは成功しているのに、なぜ発信を欠かさないのか？　今ならそれが分かります。

アウトプットは自身の成長につながるからです。

ブログで発信していると、まず自分自身の感覚に対して敏感になります。自分が今、何を感じて、どう考えているのか、普段はいちいち気にしていないし、気にしてもいられません。でも、毎日ブログで発信するには、その時々の自分の感覚、考えを言語化する必要があるので、敏感に感じ取らなければなりません。日常のあらゆることにアンテナを張り巡らせるので、常に新鮮な気持ちで世界と自分を見つめることができます。

自分がどんな人間なのか、何に喜び、何を苦痛に感じるのか――。第2章のワークに取り組んでくれた方なら分かると思いますが、自分の内面って案外分かっていないものです。それが、断続的にアウトプットすることにより、自分がどんどん鮮明になり、発信内容に自分らしさが出てきて、誰にも真似できないオリジナリティを出すことができるのです。

情報発信は「自分は何者か」に向き合うこと

ブログを書くことは、「何をしよう」「何を書こう」「どうやって伝えよう」ということを自分で選び、自分で決め、実際にやってみるという作業の繰り返しです。小さな選択の連続であり、選択のたび、自分に向き合うことになります。

会社などの職場で働いていたら、自主性より協調性を重視するのが普通です。協調性があるのはいいことですが、周りに合わせてばかりいると、自分の頭で考える機会も減りますし、物事に対して受け身になります。

そのうち、「自分はいったいどうしたいんだっけ?」と、やりたいことが分からなくなってしまう人も少なくありません。感覚が鈍り、やりたいこともやってみたいことも分からなくなってしまうのです。ブログは、あなた本来の好奇心を取り戻してくれます。

せっかくブログを始めたなら、ふと好奇心が生じたとき、ためらわずにエイッとやってみて、それについて記事にしてみましょう。そのとき自分はどう感じたのか、何を思ったのかを書き続けていくうちに、自分というものが分かってくるようになります。そうして、だんだん手応えを覚えていくうちに、本当にやりたいことが見えてくるものです。

まさに私がそうでした。文章をまともに書いたこともないのに、毎日投稿することだけを決めて書き始めたのですから、早晩ネタは尽きてしまいます。それでも「書き続ける」ためには何をするかを考えていくうちに、自分の好きなものがはっきり見えてきて、ついには理想の生き方を見出せたのです。
情報発信は誰かの役に立つものであり、何より自分を変えてくれるものでもあるのです。

自分らしく生きられるようになる

今や誰もが自由に発信する時代になり、「自分のこうしたい」「こう思う」を堂々と言葉にできるようになりました。世間の押しつける「普通」に、「それは違う」という小さな違和感をも発信できる空気があります。「料理は女がするもの」「仕事は男がするもの」といった「らしさ」の枠も外れてきています。

社会では自分の意見を言えば「自我が強い」「わがまま」と言われ、「何でもいい」と言えば「自分の意見がない」と言われてしまいます。「分かる〜」と相づちを打ってばかりいたり、空気を読んだりしているうちに、自分らしさはどこかへ消えてしまいます。

「自分を認めてほしい」という欲求と「周りと同じでありたい」という欲求。どちらも人間関係には大事なのですが、**ブログは「同」よりも「個」を発信していくものです。**

発信し続けていれば、**だんだん「他人からどう思われるか」よりも「自分がどう思うか」のほうが大事になってきます。**つまり、自分軸が強くなっていくので、他人に振り回されなくなります。「いいね」やフォロワーの数、ネガティブコメントも、最初はあんなに気になっていたのに、いつの間にか気にならなくなります。

今日の小さな発信が明日のあなたを変えていく

ブログによって人生を好転させた女性はたくさんいます。ここからは、「誰かのために」生きてきた女性が、ブログを始めてブレイクスルーしたケースを紹介していきましょう。

【ケース1】人のサポート役から、人生の主役を取り戻した彩佑子《あやこ》さん

家庭でも会社でも常に人のサポートばかりしていた受講生の彩佑子さん。黒子役に徹してばかりいるうちに、自分にはサポート役が向いていると思い込んでしまっていました。

実際の彼女は、25年以上ステンドグラスを作り続けてきた腕のいい職人でもありました。

介護を卒業した彼女は、これからの人生について考え始めました。そして、「自分のやっ

てきたことを活かせないか？」とステンドグラスのことをブログで発信し始めたのです。

ブログを始めてから4か月後にステンドグラスの体験教室をブログで集客したところ、なんと満席に。連続して講座を開催していくうちに、高額な講座にも申込みが入るようになり、収益は数か月で25万円にまでなりました。

しかし、彼女にとっては、お金よりも「自分らしさ」に気づけたことのほうが大事でした。裏方に徹することが自分の人生だと思っていたのに、才能を活かして表に出ることで、人生の主役の座を取り戻したのです。

【ケース2】不便な場所にある料理店のビジネスを活性化させた美和さん

京都の名店で修行を積んだ店主の鈴木衛さんと女将の美和さんのご夫婦で営まれる会席料理店は、ある地方の田園風景の中にぽつんとあります。いつも明るく元気にお店を切り盛りする女将さんですが、「お店があるのは、素晴らしい料理を創れる店主のおかげ」「どうせ、どんなに頑張っても、私は誰にも認められない」という暗い感情がどこかにあったと言います。

そんな美和さんですが、「何もできない自分ができるのはお店の宣伝しかない」と考えるようになり、そのために始めたブログで人生が変わりました。ブログで発信するうちに自分と向き合い、自分らしさに気づいていき、「どうせ私は認められない」という思い込みを手放せたそうです。

その後は目を見張るようなご活躍ぶりでした。新しいサービスの企画を立ててブログで集客したり、お店のＬＩＮＥ公式アカウントを作り、１３００人ものファンに登録してもらったり、ＥＣサイトで販売する商品を売り出した直後に完売させたり……。田舎という恵まれない立地条件をブログでカバーしています。

今まで言えなかった自分の気持ちや思いを言葉にできるようになった美和さんは、ひとり時間を楽しめるようになり、夫婦仲もさらによくなったそうです。

自分のメッセージを尖らせれば自著の出版も目指せる

本が売れない時代が続いていますが、１日に200点もの本が商業出版されています。出版社は常に本の著者を探しています。私の周りでも、ビジネス書、実用書、レシピ本、自己啓発書など、様々なジャンルで出版する人が増えています。著者となった人に共通して言えるのは、ブログやＳＮＳなどで盛んに発信をしていること。そして、どなたも私と同様に「こんな未来があるなんて思いもよらなかった」と言います。

どの方も、ごく「普通」の人ばかりです。そんな「普通」の人たちが、自分らしさに気づき、個性を活かして発信しているのです。

私の1冊目の本、『50代、もう一度「ひとり時間」』は、ひとりでラーメン屋さんに入ったり、人生初のカウンター寿司に挑戦したり、子どもの頃の夢だったバレエをちょっとかじってみたり、ひとり時間を赤裸々に書いたブログ記事を編集者さんが読んで、お声をかけてくれたのが世に出るきっかけとなりました。私の普通を「おもしろいですよね〜」と言われたので驚きました。

本を作るためには、文章の構成を意識したり、表現を考えたりするので、文章力を磨く練習に有効です。

本の構成は、基本的にはいくつかの「章と節」で成り立っています。これは、ブログでいうところの「テーマ」と「記事タイトル」になります。「章」は書籍をテーマごとに大きく区切る役割をもち、「節」はさらに章を細かく区切るものです。ブログメディアを作る方法は、本作りとよく似ています。

この本の第2章のテーマを決めるワーク（102ページ）は、実は本の目次作りの作業にも役立ちます。漫然と書きたいことを書いていくのではなく、しっかりテーマを絞って書いていくことで、「その専門家」になっていくのです。

また「読んでもらう文章」にするためには、自分の言葉でたくさん文章を書く以外に近道はありません。人に読ませるレベルではないといって、メモやノートに書きためている人がいますが、誰の目にも触れないところでいくら書いても、読んでもらえる機会はありません。ブログならたくさんの人の目に触れる機会があります。何を書けばウケるのかを、いくらでも試すチャンスがあるということです。

メディアの人は新しい何かを常に探している

これまでにコンセプトやテーマの設定が重要だとお伝えしてきました。自分が何屋さんかをはっきり示さなければ、お客さまに見つけてもらえないからです。

実はお客さまは、商品・サービスが欲しい人ばかりではありません。あなたの価値観や経験、ライフスタイルを雑誌や書籍で形にしたいという編集者もお客さまなのです。編集者さんは常に「おもしろそうなこと」をやっている人はいないかと、ブログやSNSを探しています。

もちろん、「誰でもいい」ということはなく、フォロワー数などの数字はシビアに見て選んでいると思います。でも、選ぶ基準はフォロワー数だけではないはずです。以前、私のところに取材に来た編集の方から聞いた話によれば、企画に合った人を探すには、キーワードで検索し、出てきたウェブサイトやブログをまず閲覧するそうです。目を通したブログでも、テーマがきちんと設定されたものでなければ、何をしている人なのか分からないので、そのまま閉じてしまうそうです。

ということは、いくら内容がおもしろくても、あやふやなテーマ設定ではチャンスを逃してしまいます。実際に、テーマ設定をしっかりしていたおかげで、ブログ開始から数か月で企業の案件を引き受けたり、雑誌に掲載された私のブログ講座の受講生もいます。

お金の天井がない世界へ行こう

会社に勤めていた50代の頃、会社の業績が悪化して、昇給額が一律になり、勤め続けた場合に、その後受け取れるお金の天井がはっきり分かるようになってしまいました。働いたことでお金をいただけることに感謝し、いただいたお金の範囲で慎ましく暮らすのも、もちろんいいと思います。でも、自分でお金を生み出せるようになれば、収入は青天井に広がっていきます。会社員時代は「給料日前だから」などと言ったりするなど、何かにつけて「お金がない」ことを嘆いていました。給料は受け取ったらあとは減っていくだけなので、どうしても「ない」ことに目がいくのです。

でも、発信する側になると、これが真逆になります。「ない」ところからスタートして、徐々に増える「ある」の世界を見ることができます。たとえお金を使ってしまっても、また稼げば増えるという発想になります。

「ない」に目が向いているうちはお金が余ることはなかったのに、稼げるようになったら、今度は使わないお金を「投資に回す」という発想も生まれました。きちんと利益を上げ、それをさらに自分に投資して稼ぐ力を強化すればさらに稼げますし、資産運用をして不労所得を目指すことだってできるようになります。

コップに注いでもらった水をただ減っていくのを気にしながら飲む人でいるのか、自分で蛇口を作りコップに水を注ぐ人になるのか――。あなたは残りの人生において、どちらの人でいたいですか？

好きなことで食べていける、副業から専業になるまで

最初のゼロから1を作れたあなたなら、副業から始めて専業になるのはそう難しいことではありません。

私も、副業から始めて2か月後には会社を退職し、起業しました。私の副業の収入が会社員時代の給与を超えたのは、目標を定めてやり始めてから1か月後くらいのこと。まさか自分がこんなにすぐ稼げるようになるなんて思ってもみなかったので、天地がひっくり返るほど驚きました。

私は副業を始めたときに、すでに会社には退職届を出していました。つまり、退路を断って臨んだのです。「火事場の馬鹿力」という言葉もありますが、人はいざとなったら普段使っているエネルギーの数倍を放出できるように思います。あのとき、会社員という「保険」をかけながら続けていたら、ここまでできたかは分かりません。

45歳から「自分らしい人生に変えていこう」と地道に努力してきました。でも、会社員のままではいくら頑張っても新しい世界を見ることはない、だから、次の次元に行くには今までとは違うやり方、生き方をしなくちゃいけないと悟ったのです。悟ったといっても、人は変化を嫌う生き物。知らない世界に対しては「失敗するくらいならやらないほうがまし」と自分を引き戻そうとします。そのとき、「いやいや、違うやん。次のステージに立つために歩むんや。歩みを止めなければいつかは立てるやん。そのための準備と練習やん」と思い込むようにしました。

つまり、稼げる目星がついていたから会社を辞めたのではなく、本気で稼ぐために会社員でいることが邪魔だったのです。なぜかは分かりませんが、「自分ならできる」という、かなり自己信頼が高い状態でした。これは、ブログを毎日発信することで、本当の自分を知り、自分が何者かを認識し、自己肯定感を高めることができたからでしょう。起業するまでの5年間は、自分を成長させる5年間だったのです。いきなり会社をやめて専業で始めるには、それなりの覚悟とダメだったときの逃げ道が必要です。会社員としての収入があると「失敗しても生活できなくなるわけじゃないし」と腰の入れ方が弱くなります。主婦も同じように「夫に食べさせてもらえるから」と、意志を保つのが甘くなるかもしれません。だから、私のように「退路を断って始める」というのもひとつの手段だと思います。

ブレイクスルーは突然やってくる

普通の主婦だった私が独立するまでは、まさに「3歩進んで2歩下がる」という毎日でした。よく水前寺清子さんの『三百六十五歩のマーチ』を鼻歌混じりに歌いつつ、自分を励ましていたのを覚えています。

ビジネスを始めたばかりの頃は、反応もイマイチでしょう。ブログを書いても読まれない。集客しても集まらない。初めの1、2か月は「最初だから仕方ない」とカラ元気を保てても、3か月目も変わらなければ、心が折れてしまうかもしれません。

でも、発信だけはやって無駄なことは何もなく、必ず何かしら成長しています。

時間と成長のスピードは正比例しないのが常ですから、右肩上がりの成長なんて望めません。それでも、やり続けていれば、本当に少しずつよくなっていきます。そして、あるときグンと伸びてブレイクスルーします。それが人の成長曲線です。

この手前で多くの人は努力し続けるのを諦めてしまうのです。どんどん上がっていくものと思っていたら、「2歩下がる」ときに耐えられなくなり、「どれだけ頑張ってもあかんわ」と諦めモードになります。

だから、小さなステップを踏んでいくのです。

ひとつ上の目標を達成できたら自分を褒め、うまくいかないときはこれまでやってきたことを振り返り、「あの頃よりずいぶん頑張ってるやん」とやっぱり自分の成長を称えます。

せっかくフォロワーが増えてきて喜んだのもつかの間、いきなりたくさんのフォロー外しに遭ったという日もあるでしょう。でも、それは自分ではコントロールのできないことなので、どうしようもありません。それよりも、ブログの体裁が整えられてきたとか、仕上げるまでの時間が短くなってきたとか、努力の結果が形として見えるところに注目しましょう。

そうしていくうちにチャンスの波がきます。その波にうまく乗れればグンと伸びていきます。長い低迷期の後に大きくブレイクスルーするのが分かっていれば、一番しんどい時期だってきっと乗り越えることができるのです。

おわりに

この本を書き始めたのは、ちょうど1年くらい前からなのですが、私の十八番《おはこ》であるブログをテーマにした本書の出版をどれほど待ち望んでいたでしょうか。ブログで情報発信して人生が好転したことを、どうしても多くの人に伝えたいと、長いこと考えてきました。だって、「遊び」がビジネスになるなんて、こんな素晴らしいことはないじゃないですか。ブログで情報発信するメリットをひとりでも多くの人に知ってもらい、「自由な働き方」と「能動的な生き方」を実践してほしいと強く願っているのは、そうすれば、きっと豊かな社会になると信じているからです。

私は、ブログを始めてからというもの、それが中心の生活になりました。常におもしろいことを探し、何を見ても「ネタ」に見えてくる始末。そして、日常のあれこれが被写体となってしまい、たくさんの写真を撮ってきました。日常生活のある一部を切り取って、文章にし、そこに自分なりの考えをプラスする。そういうスタイルを10年間ずっと続けています。毎日毎日、「あなたにとどけ！」と思って書いたブログに「ありがとう！」というコメントが付いただけで幸福感は爆上がり。もちろん、肩に力が入り過ぎて失敗することだってあります。「すごくいいことを書いたぞ！」と思っていたのに、それが「余計なひと言」と思われて、コメント欄が荒れたり、炎上したことも何度かあります。

でも、それも学びになりました。人には、それぞれの価値観があり、あらゆる角度から見られることを知ったのです。それまで「自分の意見は正しい」と思って生きてきましたが、自分も相手も認められるようになったのです。そうすると、他人の言動に影響されることが減っていき、ブレない自分軸が育ってきました。ブログに書かれる悪口に対しても、相手は「反応」を待っているのです。「反応」はコメント欄に垂らした釣り竿の針に食いつくようなもの。反応するだけでうれしいのだから、「あぁ、また来たか〜」。暇な人」とスルーしておけばいいのです。おかげで、自分の感情もずいぶん上手にコントロールできるようになりました。これはリアルな人間関係にもいい影響を及ぼしています。

逆に、「こんなこと誰も知りたくないよね〜。でも他にネタがないし、まあいいか」と適当に書いた記事がバズったこともあります。「えっと、どうしてこれがウケたんだろう？」

というマグレ当たりです。でも、マグレを何回か繰り返しているうちに、ヒットした理由がなんとなく分かってくるようになります。すると読者の求めている情報が推測できるようになり、求められる発信ができるようになります。

何が言いたいかというと、「バッターボックスに立とう！」ということです。例えば、野球の教本を読んだだけで野球が上手くなるはずがないのは、誰だって分かると思います。実際にバッターボックスに立ってバットを振らなきゃ、ヒットを打つコツなんて習得できません。デッドボールの避け方も分かりません。ブログもビジネスも同じこと。「成功したい！」と願うだけでは、成功なんてしません。実際にやってみない限り、結果を受け取れないからです。その結果を改善して成長していくのです。「稼ぐ」ってめちゃくちゃ泥臭いことの連続です。だからこそ、特別に受け取れるものがあるのです。ここまで本書を読んでくださった方は必ずワークをやって、とにかくブログを書き始めてみましょう。それが一番、お金と自由を生み出す近道だと思います。

私が知る限り、「何かにハマっている人」は成功しやすいと思います。どんなことでもハマっていくと、それ自体が楽しくなって努力を努力と感じないようになります。つい時間が経つのを忘れてしまう、高い集中力が発揮できる「フロー」の状態になりやすいのです。だから、成果が出やすいだけでなく、少々の失敗ではへこたれませんし、それを学びに変えて成長していきます。それに対して生活のために仕方なくやりたくないことを仕事にしている人は、フローの状態にはなりにくく、努力が持続しないもの。だから「好きなことを仕事にしましょう！」と言いたいのです。

私の周りで好きなことを仕事にしている人は、突き詰めて深くのめりこんでいるオタクそのもの。そういう人は、好きなことへの引き出しも多く、人を飽きさせません。つまるところ、物を売っているようで自分が商品になっている、個人をブランド化しているのです。すると「〇〇のことだったら、あなたに頼みたい！」と言われるようになります。このレベルになればもうこっちのもの。そうなるためには、興味のあることをとにかくやってみるに尽きると思います。やってみて合わなければやめればいいのです。それくらい軽いノリで新しいことを始めてみましょう。

さて、ブログを10年頑張って何か実績を残したいと宣言した「何か」とは、この本を綴ったことで実現できました。これもひとえに、いつもブログやメルマガを楽しみにしてくださる読者の皆さまのおかげです。本当に感謝申し上げます。そして、私の「書きたい！」「伝えたい！」という気持ちに共感してくださった自由国民社の古村さんにも感謝しております。本当にありがとうございます。

最後までお読みくださりありがとうございます。いま、あなたはどんな気分でしょうか。「自分にも何かできるかもしれない」。そう思っていただけたら最高です。人生100年の時代、まだまだ時間は残されています。ぜひ、あなたの自分らしい「お金」と「自由」について、歩みを始めてください。心より応援しています。エイッと行こう！

中道あん

著者　中道《なかみち》 あん

著述家、ブロガー、株式会社LSB代表取締役。

1963年、大阪府生まれ。26歳で結婚、二男一女を授かる。家事と育児、お小遣い稼ぎ程度の仕事とママ友ライフを幸せに送るが、子どもの成長とともに自分自身の生き方・将来に真剣に目を向けるようになる。

2014年、自らの経験をブログに綴り始め、2016年にはAmeba公式トップブロガーに。2019年、「自分らしく生きたい女性のための発信塾」を起業。アラフォー・アラフィフ以上の女性を中心に、より豊かに生き直すためのマインドセット術、ブログ発信の方法、個人起業の手法などを伝授。延べ400名以上に啓発を与えている。

著書に『50代、もう一度「ひとり時間」』『昨日とは違う明日を生きるための新しい幸せの始め方』（以上２冊、KADOKAWA）、『ビバ！還暦 60歳海外ひとり旅はじめました』（主婦の友社）、「『誰かのために』を手放して生きる」（自由国民社）がある。

＊ HP　https://lifeshift-ann.com/
＊ ブログ　https://ameblo.jp/aroundfifty50/
＊ note　https://note.com/eittoness0216/
＊ Instagram　@gaku.an
＊ お問合せ　info@life-shift-blog.jp

ブログをライフワークにしてお金《かね》と自由《じゆう》を生《う》み出《だ》す方法《ほうほう》

2024年７月１日　初版　第１刷発行

著　者　中道《なかみち》 あん
発行者　石井　悟
印刷所　奥村印刷株式会社
製本所　新風製本株式会社

発行所　株式会社自由国民社
〒171-0033　東京都豊島区高田3-10-11
電話　（営業部）03-6233-0781　（編集部）03-6233-0786
URL　https://www.jiyu.co.jp/

© Anne Nakamichi 2024

●造本には細心の注意を払っておりますが、万が一、本書にページの順序間違い・抜けなど物理的欠陥があった場合は、不良事実を確認後お取り替えいたします。小社までご連絡の上、本書をご返送ください。ただし、古書店等で購入・入手された商品の交換には一切応じません。
●本書の全部または一部の無断複製（コピー、スキャン、デジタル化等）・転訳載・引用を、著作権法上での例外を除き、禁じます。ウェブページ、ブログ等の電子メディアにおける無断転載等も同様です。これらの許諾については事前に小社までお問合せください。また、本書を代行業者等の第三者に依頼してスキャンやデジタル化することは、たとえ個人や家庭内での利用であっても一切認められませんのでご注意ください。
本書の内容の正誤等の情報につきましては自由国民社ホームページ内でご覧いただけます。　https://www.jiyu.co.jp/
本書の内容の運用によっていかなる障害が生じても、著者、発行者、発行所のいずれも責任を負いかねます。また本書の内容に関する電話でのお問い合わせ、および本書の内容を超えたお問い合わせには応じられませんのであらかじめご了承ください。